给孩子的财商启蒙书

[美] 埃里克·布劳恩 / [美] 桑迪·多诺万◎著 高妍◎译

民主与建设出版社

·北京·

图书在版编目（CIP）数据

小小大富翁：给孩子的财商启蒙书 /（美）埃里克·布劳恩，（美）桑迪·多诺万著；高妍译. -- 北京：民主与建设出版社，2021.6

书名原文：Survival Guide for Money Smarts

ISBN 978-7-5139-3454-1

Ⅰ. ①小… Ⅱ. ①埃… ②桑… ③高… Ⅲ. ①儿童-理财观念-通俗读物 Ⅳ. ① TS976.15-49

中国版本图书馆 CIP 数据核字（2021）第 057758 号

著作权合同登记号 图字：01-2021-2261

小小大富翁：给孩子的财商启蒙书
XIAOXIAO DAFUWENG GEI HAIZI DE CAISHANG QIMENGSHU

著　　者	[美] 埃里克·布劳恩　[美] 桑迪·多诺万
译　　者	高　妍
责任编辑	程　旭
策划编辑	张意妮
封面设计	平平 @pingmiu
出版发行	民主与建设出版社有限责任公司
电　　话	（010）59417747　59419778
地　　址	北京市海淀区西三环中路 10 号望海楼 E 座 7 层
邮　　编	100142
印　　刷	天津旭非印刷有限公司
版　　次	2021 年 6 月第 1 版
印　　次	2021 年 6 月第 1 次印刷
开　　本	710 毫米 ×1000 毫米　1/16
印　　张	10
字　　数	105 千字
书　　号	ISBN 978-7-5139-3454-1
定　　价	46.80 元

注：如有印、装质量问题，请与出版社联系。

目录

序

提高你的金钱智商

你永远都不知道，被金钱冲昏头脑的人会做出哪些奇奇怪怪的行为。

听说，有人花了194 100元给他的荷兰猪——买了一副盔甲！

还有人花了760 000元买了一块松露！

松露是什么？松露是一种食用菌，说白了就是一种蘑菇。松露难得一见，只有受过特殊训练的狗才能够找到。即便是这样，为了吃这样一块蘑菇真的值得花这么多钱吗？

当然，我们大多数人是买不起松露的，也不会给宠物荷兰猪买盔甲。不过，我们会为了其他的东西花销无度。比如，一味地追逐名牌，却忽略了同类型产品中那些价格低却有相同质量的商品；比如，花高价买了一款游戏，玩了一周就扔在那里再也没动过；再比如，去看电影时，因为“超值”而买了最大桶爆米花却连一半都吃不了；等等。

很多人都会这样——花钱没有计划，以至于终日奔波劳碌却没有太多存款。

钱，钱，钱

每个国家使用的钱（或货币）都不一样。例如，美国使用美元，加拿大使用加元，中国使用人民币。

为了方便，在本书中，我们就用人民币为货币单位给大家做讲解[①]。如果你所生活的地区使用的不是人民币，那也没关系，只要你在书中看到“人民币”时，把它想象成你每天都看到和使用的货币就可以。

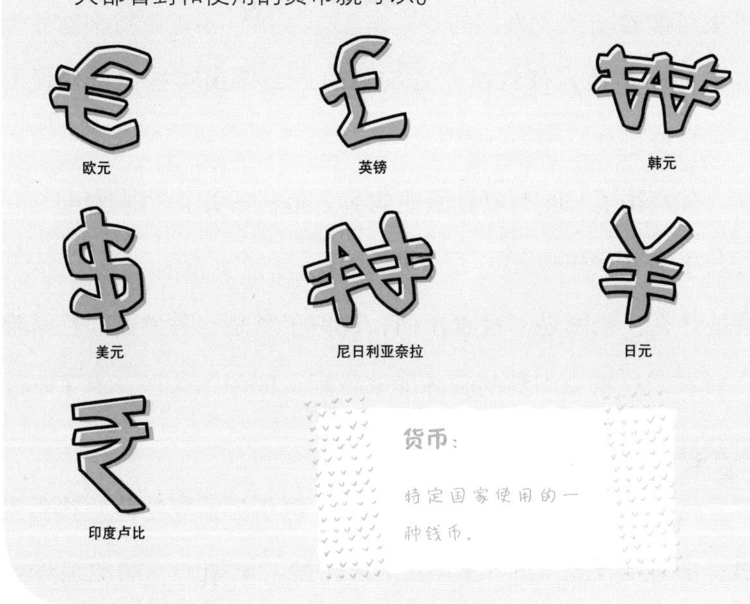

① 编者注：原文为美元，本书用人民币替换。

你可能不会挥霍无度，或者早已有了储蓄的账户，甚至还知道一些管理钱财的知识。如果是这样的话，我就要为你点赞！不过，还是有很多人，本身没什么钱却不知如何省钱；或者对“怎么花钱”完全没有概念。无论你是哪种情况，这本书都会帮助你提高“金钱智商”——财商。

“财商”一词听起来很高大上，简单说就是如何用聪明的方式来处理金钱。

要想提高金财商，首先要考虑花钱的目的。只有这样，才能做到有的放矢地赚钱来达到这个目的。

本书会让你了解到，如何通过制订预算来管理各种花销。不要被“预算”这个词吓到，这只是一个计划如何花钱的计划表而已。通过本书，你还会了解到如何使用信用卡和投资股票，可能你现在年纪还太小，不太可能参与到大人们的“真实工作”中，不过等将来你长大了，可以使用信用卡并且投资股票的时候，你在本书里学到的知识，会让你在理财这个事情上赢在起跑线上。

重要提示！学会如何管理钱财，会让你感觉更加自信、骄傲、才智过人。因为管理钱财可以让你无形当中提高做决定的能力和意识，可以潜移默化地影响你对其他事物的判断力。

关于本书

不夸张地讲，这本书真的是信息量“爆炸”！其知识点涵盖了从赚钱到存钱再到投资等各种经济学知识。你可以从头读到尾，对涉及金钱的方方面面有一个大概的了解，如果你对某一方面感兴趣，还可以重读相关章节来加强记忆。

如果你是带着自己的目的来读这本书，那么，你可以翻到目录页，找到你最想看的那一部分开始阅读。比如，你想了解关于赚钱的几种方式，就可以翻到第3章第23页；如果你正在做兼职，比如帮别人看小孩，想知道如何不会浪费辛苦赚来的零花钱，第59页的相关预算知识会给你提供答案。

书中还有很多表格，可以帮助你更好地学习理财知识，提高理财技巧。

我们还准备了很多空白的图表，让你可以用来制订目标和预算，以期更好地管理自己的金钱。如有需要，你可以从书上复印这些表格以方便使用。

金融：

与钱相关的事情。

本书中还有很多有趣的故事，通过这些故事你可以更好地理解财务知识，并且会有很多实例做参考。这些故事都是生活中真实发生的，是和你一样年纪的小朋友成功理财的故事。虽然他们的故事让人赞叹不已，但也不是遥不可及——你可以把这些小朋友当作理财的榜样。

当然，除了真实案例，书中还会有一些虚拟的理财故事。我们还编纂了一些小朋友在财务上犯了错误但又改正的故事，来方便你更容易掌握相关的理财小窍门。

最后，这本书里，有一些故事是由你来决定最后结局的，你就是这些故事的主角。故事里有两种花钱的方式，你要对此做出判断和选择。做出选择后，你可以翻到后面的选项，看看你的选择是不是最明智的。

不过，选定了之后可不要后悔哟！放心，不会真的发生什么，只是一个有趣的选择题而已。不过，你也可以通过这些有趣的练习慢慢了解到——对于金钱不同的决定，会对你的生活产生什么样的影响。

书里面还有一些关于理财方面的专业词汇，比如之前提到的货币和财务，等等。

我们希望这本书可以让你对未来更加有自信，同时为你揭开金钱的神秘面纱。

我们希望这本书你读起来会感到有趣，毕竟，学习认识“钱”这件事情，应该让人兴奋不已，而不是枯燥无味，要比看见穿着盔甲的荷兰猪都要让人兴奋呢！

《三明治的复仇》

（钱到底是什么？）

假设你和你的朋友想看《三明治的复仇》这部电影。你得到了妈妈[①]的许可，在网上找到了这部电影，按了一下遥控器，花了24元的租赁费（当然了，这个钱之后是要还给妈妈的）。准备好爆米花和汽水，你和小伙伴们就可以享受美好时光啦！

① 书中提到的妈妈，指的是照顾你日常生活的人。这个人可以是你的妈妈或者爸爸，或者其他的成年人，比如养父母、祖父母、姑姑或者舅舅等。

小伙伴、沙发、电影，听起来就是一个完美的下午。但是，你有想过这24元吗？为什么要花这个钱？这个钱去哪儿了？你会在乎这个钱去哪儿了吗？（小提示：这本书讲的就是关于钱的事情，所以答案肯定不是“你当然不用在乎啦。”）

想想这部电影《三明治的复仇》是怎么来的，肯定不是凭空出现的，需要有人写剧本，还需要有人来演。拍摄一部电影还需要演员、摄像、道具、布景、现场工作人员、化妆师，等等，现在你该明白了吧，对于参与制作这部电影的人来说，这是他们的本职工作。而你的24元对这些人来说，就是他们赖以谋生的方式和支付食物、住房及其他费用的一部分。

钱 = 一种交换形式

想象一下，如果我们没钱会怎么样？如果没钱，我们就需要用另外一种形式来进行支付，比如，用交换的方式交易物品或技能。举个例子，假如有个人会修电脑，他可以非常迅速地修好任何人的电脑。这是个很厉害的技能，可他也需要吃饭。如果这个世界上没有钱这种东西，他要怎么吃饭呢？虽然，他修电脑很厉害，可是他并不会种粮食，他甚至没时间去思考这件事！毕竟他可以用自己的技能去

交换：

用一个事物去换另一个事物（比如用钱换商品）。

交换食物。比如，有个养鸡场的电脑坏了，他可以帮着农场主修好电脑来换几个鸡蛋。听起来很简单，是不是？可是他还想要橙汁、吐司、黄油……或许还需要一双新鞋！这样听起来，这种简单的交换就会变得非常复杂是不是？

再举个例子，假如，你想要几个燕麦棒零食，你要用什么来交换呢？或许，你可以帮人家修剪草坪。可如果做燕麦棒的人没有草坪呢？或者他的草坪不需要修剪呢？这样的话问题就出现了。

所以，人们就发明了钱这种东西来解决这个问题。现在，全世界的人都用钱来进行交易，因为钱是一种交换形式。这意味着——我们都认可它是有价值的，我们可以用它来交换价值相同的商品和服务。如果我们对钱的价值没有一个可以达成一致的系统，那么它只是纸张、硬币、数字和符号，不会有任何价值。

所以，现在你想吃燕麦棒的话，不需要用修剪草坪来进行交换，只需用钱来交易即可。

钱 = 储存价值

钱除了是一种交换形式，还是一种储存价值。这就意味着——你可以用不同的方式来使用钱，比如存起来以后再使用。

想象一下，你的工作是在冰激凌店用勺子盛冰激凌。如果没有钱这种东西的话，店长只能给你冰激凌作为劳动报酬。这太可怕了！你付出那么多，最后却只得到了冰激凌，日复一日，你家里会堆满一桶又一桶的冰激凌。（好吧，短时间之内你可能会觉得这事儿还挺好玩！）

最后，你的冰箱会爆满，冰激凌没有地方放，融化的冰激凌到处都是，而且你（可能）也会吃腻了冰激凌。可以肯定的是，你也想通过劳动换点别的东西，比如衣服、音乐或者排球什么的，也可能你想存起来以后买个大件。

不过现在你的报酬变成了钱而不是冰激凌，那么这事儿就好办了。你可以按照你的方式来花这笔钱，或者存起来以后用。（这可是个极好的主意。怎么个好法呢？我们稍后再详细阐述。）而且，冰激凌会融化，钱可不会。

钱 = 劳动

最后，钱还是劳动的衡量工具。换句话说，钱代表着我们的辛勤劳作。

> **劳动：**
> 为了钱而进行的工作。

举个例子，你帮邻居临时照看孩子4个小时，邻居付给你每小时40元，那么在付出4个小时的劳动之后她给了你160元。哇！你兜里有160元啦！在你用这160元买一件新T恤之前，不妨想一想，你4个小时值160元，那么一件新T恤值你的4个小时吗？

为什么钱很重要？

钱很重要，是因为钱可以用来进行买卖以及做其他的事情：

- 我们可以用钱来购买必需品。比如，食物；也可以用来娱乐，比如，租一部《三明治的复仇》电影。我们还可以用钱来购买一些小玩意，也可以存起来买一些大件的东西。
- 钱可以确保我们的安全。我们用钱购买庇护所和衣服；我们给政府提供的服务付钱，比如消防站和警察局。我们把钱存起来，也是在为将来做打算。
- 钱也可以让我们互相帮助。我们可以给一些组织机构捐款，用来帮助小动物或者有需要的人，或者用于保护地球；也可以用钱来帮助家里人或者社区里一些需要帮助的人。

以上这些都告诉我们，金钱是有力量的。我们可以用钱来做很多很多事情。那么你会用钱做些什么呢？你的答案代表了你是什么样的人，这也是下一章要讲到的内容。

捐款：

把钱捐给慈善机构。

你是谁？
（你想要什么？）

正确的理财可以让你成为一个负责任的人。这是关于制订计划、做出正确决定、规划未来的一种举措。

等一下！如果你听到类似于责任这类字眼就开始双眼无神时，可千万不要睡着，也不要把书扔出窗外并且大喊：“我可不要这么多责任出现在我的生活里！”因为明智的理财，始于你很感兴趣的一些事情。

一切都源于你的目标——也就是在你的生活中，你所想要的一切事物。

没错，正确的理财可以让你达成目标。什么是目标？目标就是你在未来想要实现的或得到的东西。达成目标可以让你感到快乐，得到安全感。

安全感：

感到安全，对自己有信心，对未来有信心。

有时，目标是你想要购买的东西；有时，目标是你想要做的事情。目标可以很小，也可以很大。无论你的目标是什么，都反映出你是什么样的人。

设想一下，这里有两个六年级的同学，基亚力和艾利克斯。基亚力的目标是：

- 买一把电吉他
- 参加吉他课
- 组织一个乐队

艾利克斯的目标是：

- 买一个新的垒球手套
- 成为最高水平垒球队的一名投手
- 获得大学垒球奖学金

这两个孩子都有想要买的东西：基亚力想买吉他，艾利克斯想买新手套。他们也都有自己感兴趣想要做的事情：基亚力要进吉他乐队，艾利克斯则想进高级别的垒球队。艾利克斯还想去大学，那么她就要比基亚力对未来考虑的更多。基亚力或许还没有那么长远的打算。没关系，他们毕竟只是六年级的小学生。人们在自己六年级的时候并不需要考虑遥远的未来。甚至在未来几年，艾利克斯可能并不想进垒球队了呢。

重点在于，你可以通过这两位同学制订的目标，很好地了解这两个人。那么现在，是时候制订你自己的目标了——让你更好地了解自己。

认真思考你的目标

如果，你从没想过自己的目标是什么，没关系，很多孩子都没想过。或者你的脑子里闪过无数个你想买的东西和想做的事情，也没关系，至少可以帮你列出来一个清单。

首先，要将你的想法列出来。你可以复印或者打印第20页的表格《认真思考你的目标并打分》，或者用纸笔或是电脑记录下来。别害羞，也别怕犯错误（你并没有犯错），将你脑子里闪过的关于未来的所有事情都写下来。

但是，你要记得，这个清单里列出来的只是金钱上的目标——也就是需要用金钱来达成的目标。其他的目标也很重要，但是学会理财未必会帮助你实现它们。

你也可以放弃一些小的或者短期的目标，比如，放学后买一瓶运动饮料。或许这也是你的目标，但是，对于这个任务来讲，最好把注意力更多地放在你要计划买的东西或者要存起来的钱（哪怕一点点）上。

你的目标最好符合下面三个类别：

1.短期目标。即很快，比如，下个月就想实现的事情。比如，买一些美术用品，下周末去看电影，或者买一些做纸杯蛋糕的原料。你的短期目标也可以更大一些，比如，举办一个假期派对，去主题乐园，或者给动物救助站捐助一些宠物用品。

2.长期目标。即明年或者更长远的时间里想要实现的事情。比如，参加夏令营，买一辆自行车或者一个滑板，参加舞蹈课，或者给儿童医院捐款800元。

3.长远目标。即遥远的未来——你长大后想要实现的事情。比如，买辆车或者买套房子，去名气大的地方旅行，上大学，或者开启自己的事业。

如果你的清单太短或太长，或者短期目标太多，长期目标太少，这些都不要紧。这份清单就是你的起点，你可以按照你的需要增加或者删除。

认真思考你的目标是明智之举，哪怕目标会随着时间而改变。你的目标或许会带给你意想不到的未来。

你身边的小故事

莉齐·玛丽·莱克妮斯

当莉齐·玛丽·莱克妮斯还在上小学的时候，她有一个目标，就是学骑马。为了凑足马术课程的学费，她做了一些健康的小零食，并在当地的农贸市场售卖。一切从这一刻发生了改变。她和她爸爸建立了一个网站，专门放她烹饪的视频。之后她就在自己所在的社区开设了健康烹饪的课程。

不久，莉齐就有了一个新的目标，她想让更多人了解烹饪，并享受健康饮食。13岁的时候，她就参加了《瑞秋美食秀》，并且在“美国互联网医疗健康信息服务平台”有了自己的视频特辑《厨师莉齐的健康烹饪》。莉齐完成了她的第一个目标——赚到马术课的学费，同时她也完成了自己的新目标，让更多人了解健康烹饪。

为你的目标打分

下一步，就是要思考一下每个目标的重要性。为了帮助你更好地做到这一点，你可以思考下面这几个问题，然后给下面的类别打出0到3分的分数。

0=完全不

1=还可以

2=很好

3=非常好

- 如果你实现了这个目标，会有多开心？是开心地蹦来蹦去不能自已？还是勉强地露出一丝微笑？
- 如果你实现了这个目标，会有多自豪？你会自我感觉良好吗？你会觉得更加自信吗？还是会因为任何某种原因感到难过？

- 在实现这个目标5年之后，你的感觉如何？当然现在很难说，但是你可以试着想一下。在未来，你还会想着这个目标吗？还是很早就忘记了？并不是所有的目标在未来对你来说都是重要的，但是，这种思考对你来说还是很有帮助的。如果实现一个目标，可以让你在很长时间里都感到开心和自豪，那么这个目标就非常重要了。

下面这个例子（见表1），是一个小女孩为自己所设定的目标，以及如何评估这些目标。（第20页有一张空白的表格，你可以打印或者复印出来，评估自己的目标。）

表1 目标的设定与评估

目标	开心吗?	自豪吗?	5年后感觉如何?	总分
为了邀请朋友周末在家过夜购买速冻比萨	1	1	0	2
为了制作定格动画购买APP	2	1	0	3
参加社区中心举办的定格动画课程	3	2	2	7
为爸爸的生日买一副新的国际象棋	3	2	1	6
坐飞机去辛辛那提市看望朋友卡米拉（爸爸说他会帮我分担一部分费用）	3	2	3	8

理财小故事

肖娜的目标

肖娜说：

给我的目标打分时，我是这么想的。无论如何，邀请小伙伴来我家里过夜都是件很有趣的事儿，如果，这时能有比萨会更好。而且请朋友吃比萨我会感到一点点小骄傲。不过五年之后，我可能就会忘记那个晚上了。

我知道自己要是买了制作定格动画的APP会很开心，因为，我想要那个APP好久了。不过，现在我也有一个免费的APP可以使用，所以，这个目标对我来说不是很重要。准确地说，五年之后肯定会有更好的APP出现，所以，那时对我来说不重要，我也肯定不会感到骄傲的。不过从另一方面来讲，能参加这门课程肯定是棒呆了，我非常希望能学到一些长期有用的技能，至少五年内都会有用。

我爸爸特别喜欢国际象棋，我们也经常在一起下棋。他要是收到我送给他的象棋，一定会非常高兴，而我也会很开心。同时，送给爸爸他特别喜欢的东西，我也会感到很自豪。如果五年后他还留着这副象棋，那样我会更加开心。

最后一个目标对我来说非常重要。我的好朋友卡米拉去年夏天搬走了，我！特！别！想！念！她！虽然，我们经常发信息，可我还是想见她。我想我们的友情会持续很久，那么五年之后我仍然会对这次旅行感到开心，所以一定要实现它！

对你的目标进行优先排序

给你所有的目标打完分之后，现在就要对你的目标优先排序了。怎么做呢？把你的目标按照分数由高到低排序，将短期目标、长期目标和长远目标都放在一个清单里。下面是肖娜给自己目标的优先排序：

> **优先排序：**
>
> 按照事情的重要性排序。

目标	总分
坐飞机去辛辛那提市看望朋友卡米拉（爸爸说他会帮我分担一部分费用）	8
参加社区中心举办的定格动画课程	7
为爸爸的生日买一副新的国际象棋	6
为了制作定格动画购买 APP	3
为了邀请朋友周末在家过夜购买速冻比萨	2

现在看看你自己的目标清单，它们是按照优先顺序排列的吗？（第21页的空白表格，你可以打印或复印出来，对你的目标进行优先排序。）记住，你可以随时修改这份清单，所以，不要有压力，不必要求清单上的内容完全正确。实际上，你的清单将会随着时间的推移而变化。最重要的一点是，你要开始思考你的目标了。

考虑费用

现在问自己一个问题：

实现这些目标需要多少钱？

这笔费用对你的其他目标有什么影响？或许，肖娜会得到一笔零用钱，她把钱存起来三周之后，就可以买比萨招待在家过夜的小伙伴们了。如果她把钱存起来，买去辛辛那提市的机票呢？毕竟这个目标对她来说更重要。

长期目标确实需要花费更多的钱，不过这种目标通常也更重要。当然了，也不是说你不能对自己好一点，不能去实现短期目标，而是要仔细思考一下每个目标所需的费用，并把它作为你优先排序的一部分。

在本书之后的内容里会讲到，如何制订计划来实现目标。当你开始思考它的时候，会发现可能不是每个目标都能实现。你需要决定从清单上删掉哪些。删掉的那些目标可以移到清单最底下，这意味着它们对你来说最不重要。

和其他人讨论

每个人都有不同的目标，也有不同的价值观。你的目标会和你朋友的不同，而你家庭的目标也会和别人家不一样。当你和自己的朋友以及家人讨论目标和价值观的时候，你会更好地理解他们，而他们也会更好地理解你。或许，你会学会用新的方式看待事情，甚至根据学到的东西，来制订新的目标。

价值观：

对你很重要的想法和原则。

首先，问问你的父母，当他们像你这么大年纪的时候，他们的目标是什么。当他们还是孩子的时候，最想得到的玩具、零食或衣服是什么？这些东西大概需要多少钱？他们把钱存起来能买到这些东西吗？他们为了这些东西是如何赚钱和存钱的？随着他们慢慢长大，目标是如何变化的？

与此同时，也可以讨论一下你们的家庭目标。问问家里的大人，他们希望家里的每个人在未来是什么样子的。问问你的父母，看他们是否愿意和你讨论一下家里的财务问题。他们是如何做出家庭财务决定的，比如，是否要接济亲戚、购买电视，或是去露营？家里——如果有的话——有多少债务？（有些大人倾向于对这个信息保密。如果你的家人不想与你讨论关于债务的问题，那么请尊重他们的隐私，这是件很重要的事。）

债务：

欠某人或者某个机构（比如银行）的钱。

除此之外，也可以问问你的小伙伴们，他们的目标是什么。你或许会了解到之前根本没有考虑到的目标。也可能你朋友的目标听上去更有意思，你也想要同样的目标。

接下来呢？

你已经列出了自己的目标，也把它们按优先顺序排列了。赞！现在，就是见证奇迹的时刻了……等一下！事情可不是这么简单。你已经踏上了理财的道路，但是，还没走那么远呢。下一步就是赚钱，这也是第3章要讲到的内容。

认真思考你的目标并打分

认真思考你的目标，并将其写在表格的第一列。在下面的表格中，根据问题，给出每个目标从0到3的分数。最后，把每一栏的分数加起来，写在最后一栏总分那里。（请详见第13页完成的表格示范。）

0=完全不　　1=还可以　　2=很好　　3=非常好

目标	开心吗?	自豪吗?	5年后感觉如何?	总分

完成这个表格之后，用第21页《对你的目标优先排序》表格，按照重要程度排列你的目标。

对你的目标优先排序

看一看你在上一张表格《认真思考你的目标并打分》*里列出来的目标。现在按照分数从高到低将它们重新排列。（详见第16页完成的表格示范。）

目标	总分

完成这张表格后，保存好。在你花钱之前拿出来看一看。这张表格会帮助你记住，对你来说真正重要的东西，以及你要如何使用你的钱。记住，这张表格可以——且应该——有变化。当你实现某个目标后，或者你认为某个目标不再适合你时，将其划掉。当你想到一些新的目标时，可以写在这个表里。

*提示：本章内容提到的两个表格只可用于个人、课堂或小组作业。若有其他用途，请与出版商联系。

3 不仅仅是个卖柠檬水的小摊位
（赚钱的方式）

现在，你已经列出了目标，接下来你所需要做的，就是用钱来实现这些目标。很简单，对吗？只要伸手跟爸妈要钱就好了。还有个更好的办法，就是跟爷爷奶奶叔叔阿姨们伸手要钱，那么你很快就会有一堆钱。

你要知道赚钱没那么简单。这是你需要读这本书最重要的原因之一！

得到一笔零用钱

有些小朋友会得到零用钱。意思是说他们的父母每周或每个月都会给他们一笔钱。有些小朋友是通过帮忙做家务来换零用钱；还有一些小朋友则什么都不用做就可以拿到零用钱。

零用钱：

定期给某人的一笔钱。

如果，你没有零用钱，试着问问你父母，或许他们愿意给你一些。但是，要零用钱之前，先想想你父母是否可以负担得起给你零用钱。如果，负担不起，你可以直接跳到下一章内容，来学习如何自己赚钱。如果，你觉得你的父母可以负担得起，那么也要在正确的时间用正确的方法来问。意思是说：

- 等你父母放松下来心情好的时候。
- 礼貌询问是否可以给零用钱。不可以强硬索取。（具体请详见第27页“询问的技巧”）
- 可以告诉他们，拿到零用钱可以更好地帮助你学习如何管理财务。
- 跟他们解释，你会给自己设定一个预算（见第4章内容），并且对你的零用钱负责。
- 谈话结束后，要感谢自己的父母，哪怕他们并不同意给你零用钱。

大多数孩子每周都会得到40元到80元不等的零用钱。有些孩子会拿到更多。如果，你的家长同意给你零用钱，他们在自己喜欢的东西或事情上的花销就会减少。所以，无论你从父母那里拿到多少零用钱，都应该感到开心。（如果家长不给，也要理解他们的用意。）

即便，你已经有了零用钱，肯定还会想要更多钱。人们经常通过劳动来换取金钱，你应该也听说过，这种劳动叫作工作。你可能会想，“我还是个孩子，不能工作的！”你想得没错。在美国和加拿大，14岁以下的儿童无法获得正式的工作。但是，如果你认为小孩子不能通过工作来赚钱，那么，你应该想想其他方式。小孩子其实可以通过很多种方法来赚钱。下面列出来几种方法我们在书里会具体讲到：

- 问问父母，如果你在家里帮忙做家务，他们是否愿意给你钱。
- 通过帮助朋友或者邻居来赚钱。
- 在网上或者车库拍卖中卖一些小玩意。

上面提到的某一个或者其他的方法你都可以选择。继续往下读，看看每个方法具体都是什么。

帮忙做家务

对于一些孩子来说，在家里帮忙做家务是最好的赚钱方法。他们通过做一些额外的家务和工作来赚钱。

获得额外家务报酬的关键是“额外”这个词，意思是说，你做的比家人期待的更多。大多数孩子在家都有必须要做的家务，比如，保持自己房间的整洁干净，玩完的玩具、看过的书要放回原位，吃完饭把自己的碗刷干净，等等。这些家务可以让你得到一些零用钱，也可能得不到。或许你什么都不用做就可以得到零用钱，只因为你是家里的一分子。无论你是何种情况，重要的是做一些家人期待之外的事情。只是自己铺了床就向父母要零用钱，他们肯定会生气的。

可以赚额外零用钱的家务

以下是一些小朋友为了获得零用钱而做的家务。有一些可能很适合你，有一些可能不适合。这取决于你多大了，住在哪儿，是否有宠物，你父母是否愿意给你钱等其他因素。

- 照看年纪小的兄弟姐妹
- 给宠物猫换猫砂
- 打扫厕所，包括镜子、洗手盆、浴缸、地面，当然还有马桶
- 洗衣服或者将干净的衣服叠整齐
- 喂宠物
- 做一顿饭
- 修剪草坪
- 除杂草
- 把垃圾桶和可回收垃圾拿到外面
- 用吸尘器清洁地面
- 遛狗或者捡狗屎
- 洗碗
- 浇花

选择家务和工作

你可以通过两种不同的家务来赚钱：

重复性的家务和一次性的家务。重复性家务是一个很好的选择，因为你会不断重复地做，也就意味着重复得到零用钱。你需要重复做的这些家务并不意味着你做得不好，而是这些家务总是没完没了地出现。

比如，刷碗。虽然你今天晚上刷碗了，可是明天早上吃完早饭后，又得刷一遍。假如打扫了客厅，下周还得再打扫一次。

一次性的家务则完全不同，比如，给椅子刷漆、更换浴帘，或者整理车库，等等。像这种家务，你不会一次又一次地拿到零用钱。但是，它们通常却要比普通家务付出更多的劳动，那么你可以收取更多的费用。或许你每次坐车的时候都会听到爸爸念叨："我必须得整理一下车库了，这儿太乱了。"可是他似乎没时间去整理。你的机会来了！你爸爸可能会愿意花钱让你帮忙打扫车库。

通过一个或多个重复的家务，你基本可以保证每周都有收入。不过要想成为更聪明的赚钱小能手，你需要留意那些可以给你带来真正额外收入的一次性家务。

询问的技巧

如何让家里的大人为你的工作买单呢？和生活中的其他事情一样，沟通是关键。你不能一上来就埋头做家务然后要钱。首先，你需要和父母或者你的监护人

沟通一下。如果你能提前准备一下要说什么，效果会更好。要如何准备呢？你可以把自己带入下面这个故事。

小测试：选择你自己的“故事结局”

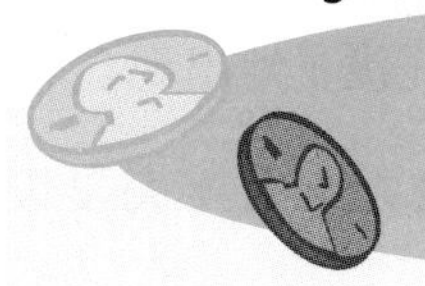

我可以工作吗？

上学前的早餐时间，和往常一样，一切都很忙乱。你爸爸一边整理上班要带的东西，一边打扫厨房，同时他也在帮上一年级的弟弟德克斯特整理要带的东西。你爸爸刚咬了一口华夫饼，就听德克斯特突然说：“啊呀！我刚刚想起来！今天我们要外出活动，需要你在同意书上面签字。”你爸爸叹了一口气说：“在哪儿呢？”

当他俩正在四处找这张同意书的时候，你吃完了盘子里的华夫饼，看了一眼时间，距你出发步行上学还有七分钟。你一点都不着急，因为，你已经整理好书包了，完全没压力！

这时你想起来，需要问一下爸爸，你可不可以做一些额外的家务来得到一些零用钱。

你要怎么做？

1.你可以跟爸爸说：“我在想，早饭之后我刷碗的话，你应该付给我钱，这样我会多做一些。”翻到第31页查看结局1。

2.你将自己早饭的碗筷刷干净，并且将黄油、牛奶和糖浆放回原处。接着你拿着抹布把自己和德克斯特用过的桌子擦干净。然后你提醒爸爸，你看见德克斯特把外出活动的单子放在沙发上了。到了晚上，等你爸爸心情平和放松的时候，你说：“爸爸，我一直在想一件事情。我特别想帮助做家务来获得一点额外的零用钱。我注意到每天早上你都会特别忙碌，所以，我想我可以做早饭，然后把午饭打包好。这样的话你就有更多的时间为自己做准备，也可以按时上班。如果是这样的话，你能稍微多给我一些零用钱吗？或者我可以帮做其他的家务活来拿到一些钱？”翻到第32页查看结局2。

你不需要成为一个理财高手，也能判断出上面两种情况哪种更好，是不是？先别急着跳到这个小故事的结局。在这之前，思考一下下面三个重要的问题。这些都是在要求父母提供额外工作之前，你需要考虑的事情。

询问家长做家务赚零用钱之前，要考虑的三个问题

1.你的家人有钱付你做家务吗？ 这个问题很关键。如果，家里没有额外的钱来支付你做家务，那么就没必要询问父母了。但是，这并不意味着你没钱可赚！只是说，你需要用其他的方法来赚钱。详情请见第37页“帮朋友或者邻居干活”。

2.你知道你可以做哪些家务吗？ 如果，你很清楚自己能做什么样的家务，那是再好不过了。这里指的是真正能帮得上忙的家务，而不是你清理了冰箱里“额外”的冰激凌，就要你妈妈付钱。相反，想一想大人们是如何看待家务的。你提出来可以做的家务，应该是你自己能搞定的，而这些家务也是父母要完成的。想一想，有什么事情是你爸妈一直抱怨，却没有时间和精力去做的？这些才是你要考虑的。

3.这是个询问的好时机吗？ 在错误的时间询问，很可能得到的回答是“不”。什么是恰当的时间呢？是你想询问的人心情正好，并且有时间去思考你问题的时候；也可以是你最近展示了你可以信任的一面，或者表现出你是一个听话的好孩子时。

那么接下来，就让我们看一看这个小故事的

不同结局是什么。

小测试：选择你自己的“故事结局”

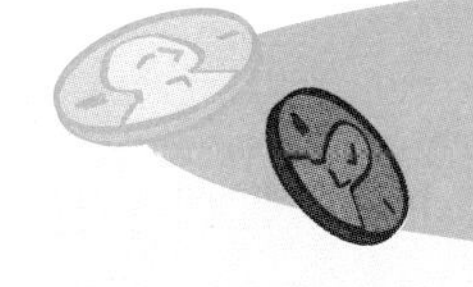

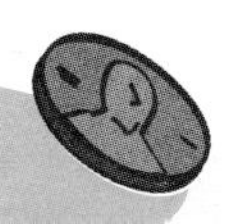

我可以工作吗？

结局 1

你爸爸看着你，并没有马上回答。为了找到那张同意书，他的头发和衣服已经乱糟糟一团，糖浆从他的手指缝里滴下来。时机恰到好处！你心想，他肯定需要我的帮助，所以绝对会同意。

“可以啊。”你爸爸说，“你把自己的碗刷了我给你钱，要不要你上学我也给你钱啊？要不要你每次上厕所我也给你400元呀？这是你应得的呀！”

你不太确定他想表达什么，于是问：“呃……你说的是真的吗？”

“当然不是！”他一边说，一边用黏糊糊的手指握住笔在德克斯特的同意书上签字：“别拿我开玩笑。你做了自己应该做的事，还要我们付钱给你？把碗碟收拾干净，赶紧去上学！”

（全剧终）

结局2

你爸爸看着你，并没有马上回答。最终他开口说："这个主意听上去不错。其实你可以帮我做很多家务，并不仅仅局限于收拾早餐。"

"是啊。"你说，"我之前还想，我可以每个月都打扫养壁虎的笼子。我知道你特别讨厌打扫笼子。"

"好主意。"爸爸说，"不过现在该上床睡觉了。这个周末我们继续讨论这件事吧！"

（全剧终）

如果你选择了结局2，那么恭喜你，你做了明智的选择。

当然了，即便用正确的方法来询问，也不一定能保证成功。你的父母可能完全反对通过做家务赚钱这件事。如果是这样的话，那么你就要考虑其他方法了。有些家庭的确不会为家务付钱。如果你是这种情况的话，最好也不要考虑去改变现状。

从另一方面来讲，家长对于让你做家务可能会有一些不安，他们并不清楚你是否能做得来。如果是这样的话，可以想想哪些事情会让他们担心。比如：

他们觉得你不会做家务，或者做不好呢？

如果你很清楚如何完成你想做的家务，将你的步骤告诉他们，这样他们就了解到你可以做。如果你不太确定这个家务怎么做，也请诚实地告诉他们，并且询问怎么做。

如果他们担心你不会坚持到底呢？

对他们表示出你是很认真地在对待这个家务活。告诉他们你准备做家务的准确时间，需要多久完成。这些细节可以让家长们认识到，你不只是在说说而已，你是真的要把家务完成。

如果他们担心做了额外的家务后，你没有时间写作业或者做别的要紧的事呢？

同理，你要表现出你已经想得很清楚了，才能缓解他们的担心。准确地告诉他们你将在何时用什么方法将每天要做的事情完成。

给自己设立一个测试期是一个很好的方法。比如连续两周放学后都去遛狗，两周之后，问问家里人。

你做得怎么样？

如果在这期间，你需要家人提醒你好几次，或者好几天都忘了遛狗，你妈妈很可能会说你没有通过测试。但是，如果你每天不需要别人提醒就去遛狗，而且一点都不抱怨的话，你妈妈很可能愿意给你零用钱。要记住，这件事的关键取决于你，你要表现出有足够的责任心来完成这项工作。

无论你做什么，都不要让付给你钱的人有任何怀疑你的理由，要按时且完美地完成任务。（如果你刷碗，就不要把平底锅留给别人刷；如果你要修剪草坪，就要把整个草坪都修剪好，不要留下哪怕一丁点没剪干净的地方。）而且，要微笑着做完这件事。要是第一次就搞砸了，以后可就再没有这种机会了。

兄弟姐妹

你想着挣钱的时候，也不要忽视哥哥姐姐带来的价值。如果，你家里有哥哥姐姐或者比你大的孩子，那你很幸运，因为，他们也会收到一笔不多的零用钱。如果，他们不想做某些家务活的话，那就更好了。或许他们已经厌倦了每周都要在吃饭前摆好餐具，或者是不想把干净衣服叠起来之类的。对他们来说可能是坏事，可对你来说绝对是好事情。你的机会来了，你可以礼貌地提出做他们不想做的家务活，然后得到一点点报酬。（这也要和你的父母商量一下，要确保他们同意你去做这些家务。）

你应该收多少钱？

你的费用——也就是你工作收取的钱——并不是你自己能决定的，而是你和你的家人一起决定的。如果用吸尘器打扫客厅你就要400元的话，你猜怎么着？一分钱都拿不到，因为没有哪个家长会同意给这么多的。

费用：

为某一项服务而收取的报酬。

那么做家务的费用要怎么设定才好呢？首先，要想想是否公平，你要考虑到以下几点：

● 你已经有零用钱了吗？如果有，而且也是通过做家务赚来的，那么你大概有数，家人愿意给你多少钱。将新的家务活和你之前经常做的对比一下，是更难还是更简单？需要时间更长吗？是一项很累的家务活吗？

● 这项家务活需要多长时间去完成？如果时间长的话，你应得的也会更多一些。

● 你的家庭付得起这笔费用吗？你要询问一下父母，如果额外做一些家务活，他们会给你多少钱。

● 你需要多少钱才能让你对这项家务活感觉良好？换句话讲，如果每次你刷完马桶都很不爽的话，那么你应该收更多的钱。（或者换一个别的。）

● 这个家务活让你感到愉快还是不愉快？那些没有人愿意做的，糟糕的、可怕的、恶心的或痛苦的家务，可能会多给一些钱。收拾狗屎就应该比叠干净衣服赚得多一些。

当你想好了一个公平的费用之后，可以提建议给你的父母。如果，你要的太多的话，他们会告诉你。你们可以一起商量出一个大家都同意的费用。

通常父母会决定给你多少钱。在这种情况下，如果，你觉得要的多一点才更公平的话，可以和他们提出来，不过也要尊重他们的想法。回顾一下本页列出来的每一条注意事项，然后和家长解释清楚为什么你会多要一点。再次重申，如果，你的父母还没准备好多给你钱的话，也不要惊讶。你可能要很努力做家务一段时间之后，再来谈涨价的事情。

工作报酬的类型

你在家帮忙做家务时（或帮邻居干活）会收取一笔费用。长大后，你可能会在放学后或者周末，去超市、餐馆或者其他任何地方打工。或许你会收到按小时计算的工资。可能你现在的工作就是这样的。成年之后，你的工作也可能是计时工资，或者你会找到一个付给你薪酬的工作。以下是一些不同类型的工作报酬：

- 费用：某一项特殊的任务收取的钱

例如：我扫落叶的费用是每个院子64元。

- 工资：一份正在进行的工作收取的钱，通常按小时计算

例如：安娜在超市当收银员，每小时的工资是88元。

- 薪酬：一份正在进行的工作一年收取的钱（按照每周或者每月支付）

例如：埃哈迈德是一名办公室经理，他一年的薪酬是360 000元。

帮朋友或者邻居干活

在家里帮忙做家务，是一种非常好的赚取额外零用钱的方法，但也不是唯一的方法。对于有些小朋友来说，在外面做一些家务或许是更好的选择。

你可以提供什么样的服务？

可能你已经非常清楚自己可以干什么，比如遛狗、修剪草坪、照看孩子。如果你已经了解了这些，那么为你点赞！

或许你还停留在“我想通过干家务赚钱”的阶段。如果，是这样的话，想一想你的街坊邻居最需要或者最想完成的事情是什么。经常有人需要别人帮忙临时照看家里的孩子和宠物。如果，你所在的街区有草坪，那么类似于修剪草坪、除杂草、扫落叶和扫雪这种院子里的体力活，也是非常受欢迎的。如果，你住在公寓楼里的话，你的邻居或许会需要你帮忙把采购的物品搬上楼，或者帮忙照看植物和宠物，等等。

你可能会问，如何判断社区里什么样的人愿意雇你干活呢？下面几点可能会帮到你：

- 看看街区里有没有贴出来需要帮助或者招聘零工这样的牌子。
- 问问你的父母，你所在的街区有没有社区网站可以浏览分类广告。
- 问问你的家人或者邻居，他们认为大多数人会想要什么样的服务。

与此同时，还要考虑到自己的技能和兴趣。假设，你知道附近有人既需要有人帮忙照看孩子，也需要帮忙修整草坪。如果，你一想到要给小婴儿换尿布就起鸡皮疙瘩的话，那么修整草坪才是你的选择。可能的话，最好选择与你的经历、技能和兴趣相匹配的工作。

为你的事业打广告

打广告：

让人们了解某种产品或者业务。

一旦你决定好了要做什么工作，就要打广告了。有三种广告的方式：

1. 口口相传。意思是说，告诉你认识的人，再让他们告诉他们认识的人你要做的事情。你可以告诉朋友的家长，在门外遇见邻居也可以告诉他们。或者你可以挨家挨户地敲门，推销你的服务。（做这件事之前要得到父母的同意。）你也可以让爸妈帮忙，让他们告诉自己的朋友，你正在找工作。

2. 海报和传单。通过海报和传单来告诉人们你要做的事情。内容要包括你可以提供什么样的服务，收取多少费用，以及你的联系方式。你可以把海报挂在杂货店、咖啡店和社区中心（首先要询问工作人员是否可以张贴）的社区公告栏上；可以把传单放在每家每户的门口；还可以给路人发传单来宣传你的业务。

3. 在线广告。看看你是否可以免费在社区网站或者城市网站上发布广告。很多社区机构和当地报纸都可以刊登。

毕竟你还是个孩子，最好让一个成年人来同意批准你要发的广告。而且，成年人也可以帮助你回复那些想给你提供工作的陌生人。最明智的做法是，每次你去见一个新主顾时，都要有一个成年人陪你一同前往。

为你自己打广告

如果，你是个商人——你提供服务来赚钱的话，你的确是——那么你不仅在售卖你的服务，同时也在售卖你自己。意思是说你需要表现出自己负责任的一面，那么，每天你都要西装革履。开玩笑啦！你不需要假装成别人，你需要的是成为人们愿意雇用的人。这就意味着——你要给你遇到的成年人留下好的印象，如果，你看起来很有责任心而且很友好的话，这些成年人才有可能考虑雇用你。

你需要考虑一下，如何展现自己的才能让邻居们相信你能够做好。比如，你着急去朋友家，如果骑车穿过院子抄近路的话，能节省半分钟的时间。邻居们会理解的，对吧？

实际上可能不会。邻居们会觉得你把他们的草坪当成了自行车道，这种行为很粗鲁。如果，院子里有人的话，是很危险的，而且这种行为会破坏草坪。如果你不尊重他人的财产，你觉得他们会信任你并给你一份工作吗？你将面临没人愿意雇用你去照看宠物、照看孩子或者修剪草坪这样窘迫的局面。

对人有礼貌，尊重他人，这是最基本的。当然，你要做的不仅仅是这些。有很多方法都可以让你向别人展现出你是一个负责任的好孩子。比如，回答他人问题时，真诚地看着对方，并且回答完整的句子，而不是一个字一个字地往外蹦。哪怕是一个微笑，一个简单的问候譬如最近怎么样啊，都可以给成年人留下好的印象。

当你给成年人（以及小朋友）留下好印象时，同时你也是在建立自己的声誉，即别人如何看待你。好的声誉可以让你更好地找到工作。抽时间想一想，你想让人们怎么看待你，如何做能尽可能地给他人留下好印象。

投入工作

你实际要做的工作，是建立声誉最重要的一步。如果，你做得好，就会一传十十传百，越来越多的人会想要雇用你工作。但是，好事不出门坏事传千里，如果做得不好，雇用你的人就会对你失望，那么可能会让更多的人知道。

如果有人信任你，并且给了你一份差事，一定不要让她/他失望。那么你怎么才能确保留下一个好印象呢？下面就介绍了一些很靠谱的方法：

- 准时出现。如果能早到一点会更好！
- 出现时已经为工作做好准备。也就是说带全你要用到的东西。如果，别人雇用你修剪草坪，除非你提前和人家商量好用他的割草机，不然肯定要带着割草机去别人家。如果，你帮忙照看的孩子家人很晚才回家，那么他/她出现的时候你不能表现出累得要睡着的样子。
- 完成工作。如果，你帮人家除杂草，就要全部除干净才能离开。如果，这时候你朋友路过，告诉你，他们要去公园踢球，你也很想去怎么办？那也得先完成工作再说。

卖东西赚钱

很多孩子通过帮家里或者邻居做家务来赚钱。你也可以通过卖东西来赚钱。

有两大类物品你可以售卖：

- 自己亲手做的东西；
- 你已经有的东西。

你会发现，很多东西并不属于这两类，比如，家里的沙发，姐姐的衣服，或者其他任何不属于你的东

西。别怕！除了这些你还是有很多选择的。

自己亲手做的东西包括：食品和饮料，比如，纸杯蛋糕、饼干，或者任何其他你会做的。（无论你打算用家里或自己购买的食材，最好先得到许可。）你还可以做一些具有艺术性的东西拿来卖，比如，编织的小玩意、画的画，或者手工做的物品。如果你需要一些灵感和方向，不妨上网查查，或者去图书馆，都可以得到很好的启示。

其他可以售卖的物品，包括你拥有但是不再需要的东西。可以是玩具、书籍，或者其他从床底下或者柜子后面找到的东西。有一点要记住，如果要卖东西赚钱，那么售卖的物品必须品质良好且能正常使用。而且不要把收到的礼物卖了，这会让送礼的人非常伤心。（不要把你舅舅送的那本《铁路知识大全》卖掉呀！）找到要售卖的东西之后，也要让父母看一眼，确保他们同意你卖掉这些东西。

有两种售卖的方式：你可以举办一个售卖会，或者在网上打广告。

你身边的真实故事

杰登·惠勒与阿玛亚·塞尔蒙

一切源于一个春天，杰登·惠勒和阿玛亚·塞尔蒙决定在他们位于田纳西州孟菲斯市的家门口，售卖蛋卷冰激凌。他们给自己的小摊位起了个名字，叫酷小子冰激凌。兄妹俩将搅拌机插在插排上，卖了一夏天的冰激凌。他们的生意特别好，所以，在第二年的夏天继续卖冰激凌。这一次他们的装备升级了，有了一个豪华的“酷小子手推车”，还有一个真正的刨冰机。

这两个夏天，兄妹俩总共赚了8 000元。第三年的夏天，他们的生意往前迈了一大步。在妈妈的帮助下，他们买了一个小货车。妈妈负责开车，兄妹俩负责做生意。冰激凌的口味也增加至20种，包括奥巴泡泡糖、再见粉红柠檬水，等等。他们甚至还有玉米片和芥末热狗等口味。

举办售卖会

举办一些车库甩卖、庭院旧货出售或者烘焙售卖，是非常有意思的。你可以告诉大家你正在卖的东西。这种销售活动可以是一个小时，也可以是一整个周末的狂欢。无论你的想法是什么，按照以下的步骤来进行，可以帮助你更顺利地卖掉东西。（你可以将第54页的清单用在售卖会上。）

1.得到父母或监护人的许可。这是最重要的一步。把这个人当作你的帮手。这个帮手将帮助你布置，当你售卖商品的时候他/她也会在场。所以，接下来的步骤，你最好和他/她一起确认。

2.选择地点。你的售卖地点可以在你家、院子里或者人行道上。或者你知道某个地方会有很多人路过，比如热闹的公园，他们都是你的潜在客户。无论选哪里，都要和你的大人帮手确认好，确保他/她认为这里是合适的地点。还要和你的帮手确认好，你在公共区域，甚至是自己家门前的人行道上进行销售时，一切都是符合法律规定的。

3.选择日期和时间。周末或者傍晚一般都是最好的销售时间。这个时候大多数人都下班或者放学了，所以，有时间在你的摊位前驻足。一般情况下，车库甩卖都会在周末进行，从一大早（早上7：30或者8：00）一直持续到傍晚。如果你要卖饼干的话，放学后这段时间绝对会让你生意兴隆。

4.寻找额外的帮手。问问你的朋友或者家人是否愿意来帮忙。假如，你要办一场车库甩卖会或者庭院销售，你需要有人帮你布置这一切。或许，你还需要人帮忙收钱，照看东西，然后清理收尾工作等。你也可以问问你的帮手们，是否也想一起卖他们的东西。

5.打广告。制作一些海报，张贴在你所在的街区内。十字路口的电线杆是张贴广告的好地方。（小建议：别忘了销售结束后将广告撤下来。）同时也可以告诉你的家人、朋友、邻居和老师同学。

6.换零钱并妥善存放好现金。很可能你需要给顾客找零钱。准备一些硬币和5元以及1元这种小额的纸币。销售过程中，用小盒子或者贴身的钱袋来存放现金。不要觉得你是小孩子就没人偷你的钱。所以，要经常地让你的大人帮手帮忙，将赚到的钱放到他/她的钱包里或者屋里。

7.布置现场。对于车库甩卖或者庭院销售来讲，因为花的时间比较长，所以，最好在前一天晚上就布置好。把你要卖的东西放在一张干净的桌子上。确保这些物品整洁干净无破损。用纸胶带或者便笺贴上每个物品的标价。如果，你卖的是类似于饼干这类东西的话，就不用准备得那么早。不过，无论是卖饼干还是别的东西，一定要确保供货充足。最好是和你的大人帮手确认好，他/她同意你的计划和定价。

8. 销售过程中态度友好礼貌有责任心。把你的注意力都放在顾客身上，礼貌地回答他们的问题。

9. 销售结束后将场地打扫干净。这一步将表现出你负责任的态度。如果你清理得很干净，大人们更倾向于给你许可，并且帮助你准备下一次的售卖。

10. 放松，数钱。希望你能度过一段愉快的时光，并且赚到了钱！辛苦劳动赚来的钱也不要浪费，放在预算信封里（见第4章）或者存在储蓄账户里（见第7章）。

在线销售

你也可以试着在易趣或者易集[①]这种网站上售卖物品。如果你选择这种方法，那么你的大人帮手必须全程参与，因为，根据法律规定，儿童不可以独自在网上售卖东西。同时，你也需要大人帮忙把东西送给快递员寄给买东西的人，毕竟他们大部分人都住得离你很远。你的买主不会直接给你现金，而是网上支付。这笔钱会直接进入大人帮手的银行账户中，然后，你的帮手再把钱给你。

为什么要选在网上销售而不是举办售卖会呢？一方面，是因为网

① 类似“闲鱼”等二手商品买卖APP及网站。

上售卖比较简单，容易安排时间，每天只需花几分钟就可以，而不是专门挑选日期且占用大部分的时间。更重要的是，网上销售可以让你面对更大的客户群。尤其你售卖的是那种很少见的或者不好找的商品，这点尤为重要。

像品质很好的旧玩具和游戏，都属于这类商品。很多喜欢收藏的人会愿意花高价，购买一整套玩具或者视频游戏，而这些是他们在商店里买不到的。如果，你有类似这样的物品，并且它们保存完好，可以和你的大人帮手商量一下，把这些东西卖掉。

如果你比较有艺术天赋，或者手工特别好，你也可以考虑在二手商品网站上售卖自己的艺术作品或手工作品。再次重申，你需要和你的大人帮手商量好，让他/她在网站上注册并且帮你销售。

关于税务

如果，你通过销售商品或提供服务赚到的钱达到一定金额之后，可能你需要向政府缴纳所得税。根据你销售的商品或者提供的服务类型，可能还要向顾客收取销售税，然后将这笔销售税上缴你所在的地方或州政府。税务很复杂，所以，需要你和大人帮手一起研究一下相关方面的知识。

所得税：

必须支付给政府的收入百分比。

销售税：

支付给政府的购买物品价格的百分比。

哪怕你现在不用交税，最好也了解一下税务是怎么回事。当你长大了找到了真正的工作以后，肯定要基于你的收入向政府纳税。政府会将这笔税款用于道路、学校、警察局、消防队等的建设。

通常情况下，你的雇主会从你的工资里将税款直接扣减，直接缴纳给政府。流程是这样的：你的工资会每周、每两周或每个月进行发放。发放的形式为纸质支票或者直接将工资汇入你的银行账户里。然后，你会收到工资条。工资条可能是纸质的，也可能是电子版的。工资条包含很多内容：

- 你的名字
- 支票的有效期（工资结算期）
- 你的工作时间数
- 你的工资率
- 你的工资数
- 交税额
- 其他扣减的费用

例如，你工作了20小时，每小时工资64元，那么你的收入为1 280元（20×64）。但是，工资条上写的可不是1 280元。有可能是1 040元，这取决于你交了多少税以及其他的扣减项。

在美国，其他的扣减项包括向联邦政府缴纳的社会保险。政府会将这笔钱用于退休人员、大病无法工作的人和其他需要帮助的人。类似的还有医保，用于支付退休人员的医疗费用。可能你现在会觉得，缴纳这些费用让人很郁闷。可在未来的某一天，你总会用上的！

每年的年末，人们会将这一年的纳税和其他项扣缴的金额加起来，多退少补，交多了会退回来，交少了还需要向政府补缴。

制订业务计划

如果，你想通过卖东西或者帮助外面的人干活来赚钱，最好做一个计划。这种业务计划会让你做出更明智的决定，比如你的费用。

业务计划并不复杂。你并不需要特殊的APP或者商学学位，只需要回答以下的问题，就可以做出一份计划来。将第56页的空白计划大纲复印或打印出来填写，也可以将你的答案写在另外一张空白纸上。

你的想法是什么？

你可以提供什么样的服务？或者卖什么东西？比如，帮人修整草坪或者照顾孩子，也可以售卖手工作品或者冰激凌。（见第37页提供服务的建议，以及第41~46页可以售卖的物品。）

要怎么打广告？

如果人们不知道你做什么业务，他们是没办法成为你的客户的。所以要把自己推销出去！（详见第39页内容。）

你的支出是多少？

无论你决定做什么，都需要花一些钱来建立并且经营你的业务。我们举一个最经典的例子：卖柠檬水的小摊位。你需要买柠檬和白糖，还需要杯子，可能还要一个大水罐和一袋冰。有一些支出是一次性的，用来开展你的业务，比如，你只需要买一次装柠檬水的大水罐。而有一些支出却是重复不断的，你在做柠檬水的时候要不断地用到柠檬和白糖，就要不断地进行采购。

支出：

用来经营业务的钱。

如果，你决定提供服务而不是卖东西，也会有费用支出。如果是除杂草，你需要买手套和装杂草的袋子；如果帮忙照看孩子，可能需要买适合孩子的玩具；如果是遛狗，需要买装狗屎的袋子和狗零食。网上销售的话也有支出，你需要购买包装物还要付运费。

打广告可能也需要费用支出。比如，制作海报的话，你是不是得买纸和画笔呀？

无论是一次性支出还是重复支出，你都要把所有的费用支出写下来。

你的单位成本是多少？

这很简单，只需用总共的费用支出除以工作的数量或者售卖物品的数量就能得出来。比如，遛狗的成本是多少呢？可能是一个装狗屎的袋子外加两条狗零食。做一杯柠檬水的成本又是多少呢？

我们还是用柠檬水小摊来举例子。假如，你妈妈带着你去超市，花72元买了柠檬、白糖、杯子和一个大水罐。家里有冰块和冷藏箱，所以不用买。那个大水罐可以装大概12杯柠檬水，而你买的所有食材大概可以做五个水罐那么多的柠檬水。也就是说72元的支出可以换来60杯柠檬水。

你的单位成本，用72元除以60：

72元 ÷60杯 =1.2元

每一杯柠檬水的成本大概是1.2元。下次你的柠檬水小摊位再次开张的时候，你的成本会更低，因为，你已经有了装柠檬水的大水罐！

我要卖多少钱？

当然，你的定价肯定要比成本高。如果，一杯柠檬水的成本是1.2元的话，肯定不能卖1元一杯，这样你就赔本了。不过要价太高的话，也没人会买。关键是价格要低到让人觉得愿意花钱买，但也要高到值得你付出的所有成本，以及时间和遇到的麻烦。工作和售卖物品的全部意义是要赚得利润，即赚的钱比花出去的多。

要想了解如何定价，你可以上网查阅一些资料，也可以问问家里的大人。尽量把价格定在你满意，同时顾客也满意的位置，这样大家都开心！

我能赚多少钱？

利润：

扣除支出费用之后的收入。

这很容易，用你的单位售价减去单位成本就可以。比如柠檬水一杯4元，制作一杯柠檬水的成本是1.2元，那么每一杯你赚到的钱是2.8元。听起来没赚到什么钱，可是每一杯都赚了2.8元。如果你一共卖出去60杯柠檬水，总共会赚168元。（即

60杯×2.8元=168元）

下面是凯尔做的业务计划。

凯尔的业务计划

我的想法：清扫落叶。我们的街区有很多树，一到秋天到处都是落叶。我还挺乐意扫落叶的，可是很多人不愿意干这个活儿。我终于可以大展身手啦！

怎么做广告：我们街区有社区网站，人们可以在上面发布新闻和广告。我爸爸就订阅了这个网站。我问他能不能用他的账号发广告，他同意啦！

我的支出：我家有耙子，所以，我不用买新的。但是，我需要一个装落叶的袋子，所以，我花了104元买了35个袋子。

我的单位成本：平时我要写作业，放学后还要训练踢足球，所以，只能在周末工作。我计划在接下来的三个周末，每一个周末清理四个院子，那么总共是12个院子。我的支出是104元，那么用104元除以12，也就是每个院子的成本为8.67元。

我的定价：根据我扫自家院子落叶的经验，普通的院子大概要一个小时。如果是街角房子的院子，要一个半小时。

我问了妈妈的意见，她说街区里专业人员大概要价每小时112元到160元不等。所以，我决定，普通的院子64元，街角的院子96元，这样的价格对主顾也有吸引力。通过几个小时的劳动可以赚到这么多钱，我也很满意。

我能赚多少钱：一共12个院子，两个在街角。10个普通院子，每个64元，一共640元；两个街角院子，每个96元，一共192元。加起来一共832元。减去买袋子的104元，那么三周下来我可以赚728元。不赖嘛！

无论你是在家做家务，还是帮邻居做家务，或者是售卖物品，你所得到的不仅仅是赚到的钱，同时还有经验。你会学到如何成为一个有责任心的人，如何与别人一同工作。而且你也可以了解到如何管理钱财。而管理钱财，就是下一章要讲到的内容。

售卖会清单

根据以下步骤来准备售卖会。完成的步骤打上√。（每个步骤具体信息请见第43 ~ 45页内容）

☐ 1.得到父母或监护人的许可。

我的大人帮手是:________________

____

☐ 2.选择地点。

我的销售地点是:________________

____

☐ 3.选择日期和时间。

日期:________________

____

时间:________________

____

☐ 4.寻找额外的帮手。

我的额外帮手是:________________

____

____

____

- □ 5. 打广告。
  - □ 张贴海报。
  - □ 告诉家人、朋友、邻居和老师同学。
  - □ 销售结束后撤掉海报。
- □ 6. 换零钱并妥善存放好现金。

  我会把现金放在____________________________________

  ____
- □ 7. 完成布置现场。
  - □ 保持物品干净整洁。
  - □ 给物品定价。
  - □我的大人帮手同意定价。
  - □ 我知道什么时间如何布置现场。
- □ 8. 销售过程中态度友好礼貌有责任心。
- □ 9. 销售结束后将所有都打扫干净。
- □ 10. 放松，数钱！

我的业务计划

完成以下各部分来创建你的业务计划。（如何完成这个大纲，请详见第51~52页内容。）

我的想法：________________________

____

____

怎么做广告：________________________

____

____

我的支出：________________________

____

____

我的单位成本：________________________

____

____

我的定价：________________________

____

____

我能赚多少钱：________________________

____

做好计划之后，将其保存好。当你改变主意或者有新的想法，新增了成本或者想更改定价时，要将这个计划更新。记住，最终目的是要赚钱！确保你的定价可以满足你付出的成本和时间。

*上一页的表格页内容只可用于个人、课堂或小组作业。

是时候做计划了

（制订预算）

一天之内，你给舅舅修剪草坪赚了64元，卖布朗尼蛋糕赚了112元。你肯定不想把这176元扔在那里发霉。或许去甜品店买一杯冻酸奶是个很好的选择。毕竟你辛苦工作了一天，这是应得的奖励。要不，请朋友一块儿来吃？独乐乐不如众乐乐嘛！

等一下，这是什么？四大碗冻酸奶要168元？没关系，你现在是个小富翁。只不过交完钱之后，你一下子就变成了小穷翁。兜里有钱的时候还是挺爽的，是吧？有钱了不就是为了花出去吗？

你可以这么想，不过也可以从另一个角度来看待这件事。把一天辛苦赚到的钱，在一个小时内全部花光，真的值得吗？大多数人都不会同意这种做法。花钱一时爽，可是你还记得第2章里面设定的那些目标吗？（如果你忘了或者没有看过第2章内容，请翻到第7~21页重新看一遍。）如果赚了钱立马花掉，那么你是永远完不成这些目标的。

这时候就要用到预算了。预算就是掌握你钱财去向的一个计划。这个计划可以帮助你决定如何使用手里的钱，防止你破产，也可以帮助你实现目标。

收入 = 支出

做预算不是造火箭或者维护世界和平，没有那么复杂。它只是一个等式：收入 = 支出。也就是说你赚到的钱（或者作为礼物收到的钱，或者零用钱）应该等于花出去的钱，加上送给别人的钱，加上为了目标存下来的钱。

你或许已经注意到了最后一句话，说的不是“赚到的钱等于花出去的钱”，或者“赚到的钱等于为了目标存起来的钱”。没错，再仔细看看：

赚到的钱应该等于花出去的钱，加上送给别人的钱，加上为了目标而存下来的钱。

换句话说，不要把所有赚到的钱都花掉，也不要把所有赚到的钱都存起来。哪怕你是世界上最慷慨的慈善家（这是一个很时髦的词，指的是把钱捐给慈善机构去帮助别人的人。），也不会把所有的钱都捐出去。你需要一个计划，把所有的这些都包括进去，是一个花销、存款和捐款的计划。

慈善机构：

筹集资金来帮助人类、动物、环境或解决其他需求的组织。

为什么人们向慈善机构捐款？

人们向慈善机构捐款的理由非常多：为了帮助其他人；为了让世界变得更美好；非常关注某些问题；为了自我感觉良好。有时，人们因为以上所有这些原因，所以向慈善机构捐款。

哪种预算适合你？

做出理想的预算，并不是只有一种方法。对于你来说是正确的预算，可对其他人来说就不是。每个人都会根据不同的原因做出不同的预算计划。有的人需求不同，也就是说在不同方面的花销不同；有的人目标不同，也就是说存钱的金额不同。当然了，每个人还有不同的优先重点和价值观。

无论怎么样，每个人都需要一个计划来管理自己的钱财。而且对大多数人来说，这个计划要包括花销、存款和捐款这几项。以下是几种比较受欢迎的预算计划，看看哪一个更适合你。

30—30—30—10 计划

这是最受欢迎的一个计划，计划里标明了哪些钱是要花的，哪些钱是要存的，哪些钱是要捐出去的。不同的比例可以让你很有针对性地跟进短期目标和长期目标。（还记得吗？短期目标是你近期要买的东西或者想做的事情。长期目标的时间是一年或者更长时间。而更长远的目标指的是未来的目标，比如买车、旅行或者上大学。）

30—30—30—10计划是什么样的？这个计划把你的总收入分成以下几个部分：

- 30% 用于自己或者家庭花销
- 30% 存起来用于短期目标
- 30% 存起来用于长期目标和更长远的目标
- 10% 用于慈善机构捐款

最适合什么人？这个计划着重于为短期目标和长期目标存钱，所以，比较适合专注于做计划的人和特别想存钱的人。因为，这个预算将你所有收入的大部分（60%）存了起来。如果，你能按照这个计划执行，那么对于完成目标是个非常好的开端。当你完成了短期目标、长期目标和更长远的目标后，你会非常开心。如果，你能坚持这个计划，也不会有太多后悔的时候，比如，把辛苦赚到的钱在冻酸奶店一次性花光。

理财小故事

杰克森，10岁
30—30—30—10计划小粉丝

我特别喜欢玩滑板。你可以用一个词就能形容我：滑板少年。我的朋友最近几个月每周六都会去玩激光枪战游戏。这个游戏确实很有意思，但每次去都要花80元。当然80元可以玩好几个小时，所以，我的朋友们觉得很划算。没错，是挺划算的，但是，我不像他们那么喜欢。那么我喜欢玩什么呢？

滑板！

哈哈，我只是想看看你有没有注意听我说话。我可能每个月去和朋友们玩一次激光枪战游戏，但不会每个周末都去，太频繁了。尤其是现在，我在存钱给我的滑板换新轮子，原来的已经磨损得不行了。而且我还要存钱去学冲浪。我表姐经常去冲浪，她觉得我会喜欢这项运动的。明年夏天我去她家串门的时候，就可以在海滩上学冲浪啦！

我算了一下，给滑板换新轮子以及学冲浪，一共要存1 600元，这可是一笔巨款！

我的零用钱不多，所以，不太容易能存出来1 600元。但是，我一直有帮好几个邻居照看孩子，还给别人辅导数学。我要尽可能地多赚一些钱。

同时，我爸爸告诉了我这个30—30—30—10计划，我也正在执行这个计划来完成存钱的目标。我把30%的钱存起来买新轮子，应该很快就能完成了。还有30%存起来用来学冲浪，目前来看到明年夏天去表姐家串门的时候，我应该能存够。实际上还有些富余的钱。虽然，现在没什么长期目标，但是，我也会把多余的钱存起来，为以后的长期目标做打算。

还有30%，我要用于日常花销，比如偶尔和朋友们去玩激光枪战游戏，还有我最爱的橙子花生酱奶昔！

剩下的10%，我捐给了相关组织用于保护沙滩野生动物。我很喜欢在沙滩上玩，可是我也没忘记，沙滩是很多小动物的家园。我不希望它们生活的地方遭到破坏。

与此同时，我还要继续玩滑板！

三分之一计划

也可简称为3—3计划。这个计划适合那些喜欢一切从简的人。这个计划本身也很简单：把所有的收入除以三。

三分之一计划是怎么样的呢？这个计划就是把你的钱分成三部分：

- 三分之一用于花销
- 三分之一用于存钱
- 三分之一用于捐钱

最适合什么人？这个计划里三分之一的钱都捐了出去，所以，适合那些专注于一个或者多个事项的人。

理财小故事

艾拉，13岁
三分之一计划小粉丝

我喜欢动物，无论大小都喜欢。但是，我最喜欢狗。所以，当邻居去度假，拜托我帮忙照顾他家里的两只狗维奥莱特和佩妮时，我高兴坏了。我喜欢给它们喂食，陪它们玩，尤其喜欢两只小狗狗在我屋里睡觉！我也非常乐意早起去遛狗。

我很幸运，我的邻居退休了经常出去度假，我就经常有机会照看维奥莱特和佩妮。而且，我的邻居每次都会付给我400元/周的报酬。不久之后，我的另一个邻居也要去度假，拜托我帮忙照看他的比格犬。然后好多邻居都找我帮忙。有人希望自己的狗狗能够多锻炼，所以，每天放学之后我都会去遛狗，报酬是160元/周。短短几个月，我就通过遛狗和照看狗赚到了1 600元！

然后我就想了，这些钱该怎么花？有一条牛仔裤我很早就想要了，我的第一想法就是去买。然后我想到，还需要多买几件衣服来搭配牛仔裤。或许还可以请我的四个好姐妹去看电影，然后……

有一天晚上，我看了一个纪录片，彻底改变了我的想法。这个片子讲的是，每年有很多流浪狗都被执行安乐死，因为，它们没人收养无家可归。我看的时候伤心死了，不停地哭。我问妈妈，怎么做才能帮助这些狗狗不被安乐死，她告诉我可以去本地的流浪动物收容所问问。然后我就去了——我这才意识到，可以给它们捐钱，帮助更多的流浪狗找到自己的家。

我决定了，与其买一条牛仔裤，还不如去帮助这些狗狗。我告诉妈妈，要把自己所有的钱都捐给流浪动物收容所。但是，妈妈说我还要存一部分钱，因为，我想和学校乐队出去玩一晚上，我得支付这笔费用。她还说我最好自己留点钱每天花销，比如和朋友去看电影之类的。妈妈跟我说了这个三分之一计划，我觉得它听起来就是属于我的预算计划。

今天，我把和乐队出去玩的钱存下了；用了三分之一的钱和朋友们出去玩；每个月，我都会把三分之一的收入捐给流浪动物收容所。收容所特别感谢我的资助，还把我的照片挂在了他们的荣誉墙上！

你自己的预算计划并不一定要完全按照30—30—30—10计划或者三分之一计划去做。这些只是一些比较好的参考模型，你可以在这个基础上做相应的调整。比如以三分之一计划为主，但是，你还想多存点钱买辆新自行车，所以每个月都会多存一些。或者用30—30—30—10计划，但是30%用于捐款，10%用于花销，或者把比例调整为30—30—20—20。

跟进预算

虽然，每个人的预算各不相同，但预算本身却有一个共同点，那就是坚持。这也是为什么预算是一个计划，而不是一个想法。预算不仅仅是一个好的想法，它还是一个需要你掌握并且持续跟进的计划。

那么究竟要怎么跟进预算呢？方法有很多。

信封法

这是跟进预算最简单的方法，你只需要三到四个信封，一支笔，搞定！

如果，你用的是三分之一计划，在三个信封上分别写上“花销”“存款”和“捐款”。每次赚到钱后，都分成三份，分别装在每个信封里。

要是用30—30—30—10计划呢？那就需用四个信封，分别写上“花销”“短期目标存款”“长期目标存款”和“捐款”，然后根据你的预算计划，分别把钱放进信封里。

不过，这个方法对于三分之一计划是最有效的。你只需要把存款放在一个信封里就可以，不用担心你的这笔存款究竟要用在什么地方。最重要的是，要把存款和捐款与要花掉的钱分开放，以避免一下子花掉太多。

*你是否需要补贴家里的开销呢？如果需要，你可以再加上一个信封，写上“家庭开销”。当你赚到钱之后，也适当在这个信封里放一部分钱。

表格法

这个方法比信封法要复杂一些。如果你做的预算有些复杂的话，正好用得上。为什么这么说？下面这些例子可以给你一些答案：

- 钱的来源不同。比如每周都有零用钱；每周都有一个固定的下午帮忙照看孩子；每个周末都会额外帮忙照看孩子；等等。你需要跟踪每一份工作都赚了多少钱。

- 有固定的支出。固定支出是指，你定期在某件事情或者东西上花钱。比如，用零用钱在学校买午饭，或者每个月都要在音乐网站上购买音乐。

- 有多个需要存钱的目标。比如短期目标里，要存钱两周后和朋友一起看电影，还要买一个炫酷的耳机。

● 要向不同的组织或慈善机构捐款。有些人喜欢每个月给几个不同的慈善机构捐一些小钱，而不是攒一大笔一次性捐出去。

如果你是上述几种情况之一，那么用表格法跟进预算是比较适合你的。可以从以下这些选项开始：

● 用一张纸一支笔，设计你自己的表格。

● 打开电脑，用word或者电子表格制作一张表，或者上网搜索“儿童预算模板”，你会找到很多已经设计好的空白表格。

● 你也可以将第72页的空白预算表打印或者复印下来使用。

表2是一个填好的预算表格，你可以借鉴：

表2 我的预算

每月收入		
钱的来源	**多少钱**	**每月总计**
零用钱	每周56元	224元
给邻居修剪草坪	每隔一周120元	240元
额外的修剪草坪工作	本月120元（只有一个）	120元
本月总收入		584元
每月支出		
音乐媒体服务费	72元	72元
自由支配的花销	136元	136元
每月存款		
短期目标：校服	112元	112元
长期目标（不太确定长期目标具体是什么，但先存下来再说）	112元	112元
每月捐款		
全球赈灾基金	80元	80元
本地妇女庇护所	72元	72元
本月所有支出		584元

无论你用什么方法跟进预算，最重要的都是始终如一。每次赚到钱后，都要放进相应的信封里，或者填写在表格上。如果你总是忘记的话，最好给自己设立一个提醒。你可以在本子上或者日历上记下来，也可以在手机或者电脑上设一个提醒，或者让家里大人提醒你。如果，你有银行账户，可以每周在家长的陪同下去银行存钱。（关于银行请详见第7章。）

始终如一：

不改变，每次的做法都相同。

如果，你始终如一地跟进预算，那么就不会偏离计划。这样就不会“意外”地花480元买了视频游戏，而这些钱里面只有160元可以花。只有这么做，才能快速实现目标。

制订预算

你可以用表3*来制订并且跟踪你的预算。在“钱的来源”这一栏里填写你得到或者赚到的钱。在“每月支出”这一栏里记下花了多少钱。在其他两栏里写下你存了多少钱，捐了多少钱。（请见第70页表2示例）

表3 制订并跟踪预算

每月收入		
钱的来源	多少钱	每月总计
本月总收入		
每月支出		
每月存款		
每月捐款		
本月所有支出		

*此页只可用于个人、课堂或小组作业。

你真是个小机灵鬼

（六个建议让你成为聪明的消费者）

没人喜欢自作聪明的人。如果，你说的是那些总想着证明自己什么都懂，表现得像无所不知的那种人，这话没错。

不过还有一种“自作聪明”的人，并不招人讨厌。他们不浪费钱，并且很明智地使用钱来完成自己的目标，绝对是会花钱的小机灵鬼。这种人并不稀有，也不是远在天边。他们快乐并且知足。你也可以成为这样的人。

消费者：

购买商品和服务的人。

本章内容会给你提供一些简单的指导，帮助你像会花钱的聪明人一样思考，成为一个明智的消费者。不过，先做个小测验，看看你是不是一个精明的顾客。把你的答案单独写在一张纸上。

会花钱的聪明人小测验

1. 今天是周六，你刚刚拿到这周的零用钱80元，一下子觉得自己非常有钱，不过也觉得饿了。你的朋友建议去街角的小卖店买零食吃，不过他可没钱。这时你会说：

A.“好主意！我正好有80元，我请客。”

B.“我不能把一周的零用钱在一天都用完。还是去我家看看有什么吃的吧！”

2. 你过生日，奶奶给了400元！你终于可以去买梦寐以求的棒球手套了。你做了一些功课，知道这个手套要320元，那么买完之后还能剩下一点钱。你妈妈带你去了体育用品商店。到了那儿你才发现，手套涨价了，变成384元。你会：

A. 耸耸肩说“无所谓”，然后把所有的钱都花掉。

B. 让妈妈帮忙去另一家店看看价格，虽然这样你得等上几天才能买到。

3.你存了好几周的钱想买早就看上的视频游戏。你非常清楚这个游戏多少钱，在走进店铺的一瞬间就找到了。但是，你发现在右边的架子上写着“收藏版本”，比你想买的贵了80元，但看上去似乎多了好多免费人物，看上去特别好玩。你会：

A. 拿上收藏版本直接去付款，比预计多花了80元。

B. 仔细阅读收藏版本上的介绍，发现这些多出来的人物并不是免费的，需要在游戏里多花160元购买。

测验答案

或许你已经知道答案了，那么说明你已经是半个精明的顾客了：对于会花钱的聪明人来说，这几道题的答案都是B。

如果你的答案都是B的话，要么你就是个会花钱的小机灵鬼，要么就是特别会答题。（这两个技能都很好！）但是，如果你和大多数小朋友一样，有一两个问题选择了A，哪怕都选了A选项，下面的表4也可以让你更加了解，A选项里面的消费陷阱。

表4 哎哟——小心消费陷阱！

测试问题	如果你回答……	你可能会是……
当你的朋友建议你花掉所有的零用钱买零食时，你会怎么做	“好主意！我正好有80元，我请客。”	一个过度大方的消费者，你经常会为了寻开心把钱花在别人身上
当你看到想买的棒球手套比你预想的贵了64元，你会怎么做	耸耸肩说“无所谓”，然后把生日收到的所有钱都花掉	一个没有耐心的消费者，你并没有耐心地花时间去寻找最优惠的选择
当你发现收藏版本的视频游戏比你原本要买的游戏贵，你会怎么做	拿上收藏版本直接去付款，比预计多花了80元	一个冲动的消费者，你没有经过深思熟虑就贸然购买

你是不是有时候太大方、没耐心或太冲动？这些都是常见的消费陷阱，也是很常见的让你无法实现目标的陷阱。幸运的是，避免掉入陷阱也不是那么难做到的事情。表5的这些建议，可以帮助你成为理智的消费者。

冲动：

突然而且不假思索地做某件事。

表 5 避开消费陷阱的建议

如果你是……	你可能……	但是相反，你可以……
过度大方的消费者	经常想给朋友或者家人买礼物或者别的东西。毕竟你喜欢他们，也希望他们喜欢你。和他们一起花钱是件快乐的事，而且用一点小钱来巩固友谊，也没什么关系吧	用其他的方式让别人知道你很在意他们。邀请他们一起做一些不需要花钱的事情。真正的朋友不会因为你把钱都花在他们身上就会高兴，他们更希望你花更多的时间真诚地与他们相处……这样对你的钱也很公平
没有耐心的消费者	总是去家门口最近的便利店或者热门网站买东西，而不是货比三家	购买之前多做一些功课。在不同的便利店或者网站上对比价格，还要思考一下哪些是你真正需要的
冲动的消费者	经常买一些计划外的东西（过后可能才意识到，你并不需要或者并不想要这个东西。）	花钱之前先给自己做个计划。当看见自己想要的东西时，跟自己说：给我一天考虑时间。如果明天还想要的话，你再找一个最优惠的方案去购买

当你知道要避开哪些消费陷阱之后，就会很容易做出明智的选择。接下来就是几个理智消费的小建议。

建议 1：想好你要买什么

在你去商店或者其他地方时，例如，电影院或者有零食摊的公园，提前想好要买什么。在线购物之前也要先想好买的东西。如果，你提前计划怎么消费，那么总是会对买到的东西更加开心。

深思熟虑还意味着为要买的东西——无论大小——做功课。购买金额比较大的东西，比如，高科技的音响或者流行的靴子，最好先看看网上的评论，然后，在不同的店里对比一下价格，仔细思考一下你是不是真的需要这些东西；购买金额比较小的东西，比如，手机壳、钱包、手镯或者公仔玩具，最好也提前研究一下。要再三确认广告宣传和包装上的文字，确保这就是你要买的东西。像玩具这样的商品，经常会用很大的盒子包装，但是玩具本身却没有那么大。或者一套玩具包含的东西不全等问题。不要只是看包装上的图片，就想当然地认为这个商品里面包含所有宣传图片上的东西。

列出利弊

无论你想买的东西金额大小，最好列出购买这个商品的利弊。在一张纸上写出有利的因素，也就是购买这个商品的好处；再写出不利的因素，也就是购买这个商品的坏处。这么做可以让你更清晰地知道，购买这个商品对你来说有什么意义。

建议 2：不要屈服于同伴的压力

你是不是经常觉得别人都有现下最流行的东西而你却没有？当你觉得负担不起某些服饰、视频游戏和设备，而别人都有的时候，是不是很难受。更难受的是你的朋友给你压力让你购买某些商品，或者觉得你没有就不炫酷。

或许，你的很多朋友在一起玩某个视频游戏，而且经常在一起讨论。他们彼此分享游戏里的某些好笑的事情，却把你衬托得好像错过了什么不得了的大事一般。但是，如果你不喜欢玩游戏，或者不想把钱浪费在游戏上（或者负担不起），拒绝他们会让你感觉好

同伴的压力：

来自朋友的影响，促使你以某种方式思考或行动。

很多。这么做是要坚持做你自己。只有坚持做自己，才不会为了迎合别人跟风购买某些商品。你不会为了让别人喜欢你而改变你的行为习惯。你就是你。

当然啦，抵抗住来自同伴的压力不是那么容易的事情。要是别人都在做同一件事情或者拥有同一个商品而你没有的话，可能会觉得自己被排斥在外了。或许，对于某件特殊的事情，你的确被排除在外了。但是，你要记住，流行趋势变化非常快。人们会厌倦玩视频游戏，那些昂贵的耳机或者头饰总有一天会变得不重要，甚至会厌倦变态辣培根味儿的芝士棒。如果，你坚持做你自己，哪怕有一天潮流褪去，你还是最初的那个你。

想一想你不想买某件商品的原因，对你也是有帮助的。或许，你认为即便拥有了这些商品之后也不会让你怎么样，或许，你根本就不在意有没有这些商品。你可以提前想好自己的原因，当下次再有人说你竟然这么重要的东西都没有时，你可以回答“我又不喜欢”或者“我存的钱还要买我想要的东西呢”。当你敢于与众不同时，你可能会惊讶地发现，别人是多么尊重你的观点。

建议 3：了解广告的内容

很多公司为了吸引孩子们购买衣物、玩具、麦片、糖果或者其他商品，都会在广告里把商品展现得有趣、好吃、受人欢迎。

可以这么想：美国孩子每年平均会看25 000到40 000个广告。

每个广告30秒的话，那就是每年看20 000分钟或者说333小时的广告！如果，你把这些时间用来写作业的话，你会……你肯定不会看这么多的广告了。（但是成绩会很好。）

有些广告会展示出孩子们正在享受美好时光。比如，正在玩长得像高压水枪似的炫酷玩具，或者开心地吃着看上去很美味（实际对你来说很糟糕）的快餐汉堡，笑得嘴都快扯到耳朵根了。还有一种广告是让你觉得如果你拥有了这件商品，就会格外受人追捧，比如，名牌帽衫、视频游戏，或者是一块口香糖。

下一页是一个虚构商品的广告。看上去是不是很熟悉？

你要知道这只是广告，他们是想把商品推销给你。你也不是个笨蛋，为什么执着于一定要拥有呢？

这才是真实的情况

制作广告的人也不是笨蛋，那他们为什么每年会花费170亿美元向所有的美国儿童播放广告呢？因为这招管用呀！

商家有很多小手段让你想要买他们的商品。在超炫跑鞋的广告里，就出现了最主要的三个手段。

1.只展示好的一面。你从来没在广告里见到过哪个小朋友看不懂说明，或者不小心把某个脆弱的部件折断了。超炫跑鞋的广告里，小姑娘面带微笑，让你觉得她穿着跑鞋非常享受。可是这个超炫跑鞋可能会把你脚拇指磨出个泡，或者根本不耐穿。可是这些你在广告里是完全看不见的。

今天，你不用再去公园无聊地散步了……

今天，是超级炫酷的一天。
她跑得好快呀！我都跟不上了！
嗖！

快来买属于你自己的超炫跑鞋吧！

2. 夸大好处。你可能已经注意到了，超炫跑鞋广告里的小女孩，跑得比别人都快，甚至比狗都快。看到她一步就跨过了矮树丛没有？在她跳起来的时候，甚至还用超级英雄的音效来强调。嗖的一声！广告里并没有明确说明，这双跑鞋可以让你跑得更快跳得更高，但它却暗示了这一点。

3. 让你觉得自己非常受欢迎。广告商们都知道，小孩子希望自己可以在同龄人里受欢迎，这也是为什么好多广告里，都可以看到小朋友们把拥有某个商品的小朋友众星捧月地围在中间的主要原因。有的孩子想看看这是什么，还有的告诉其他孩子这个东西有多棒。在超炫跑鞋的广告里，所有的孩子都想和这个小姑娘一起跑步。

所有的这些小手段都起了作用，商家花在做广告上的钱都值了。有调查表明，美国的儿童每年消费180亿美元，青少年每年消费160亿美元。这么多钱你都记住了吗？等等，还没完呢。儿童和青少年每年对家庭支出的影响高达6 700亿美元。（意思是当有家庭支出的时候，孩子们有话语权，希望把钱花在什么地方。）仅在美国，就有8 480亿美元是由年轻人消费的，或是花在年轻人身上。那么现在你还觉得商家花在广告上的170亿美元很多吗？

你能做什么？

商家会把他们的商品做得无论看起来还是听上去都特别好，你要小心避开这些小伎俩。如果某件东西看起来太好以至于都不像真的，那可能的确不是真的。一双跑鞋真的可以让你跑得更快更受欢迎吗？

当然不会，那只是一双鞋而已。

精通社交媒体的套路

商家在社交媒体网站上的广告尤为精明。他们会花大笔钱来得到你的喜好、购买记录等信息。然后，会给你的网络页面、手机号或电子邮件上推送你可能喜欢的商品广告。不要相信这些广告，除非你在别的没有偏见的来源上也看到了这些广告。

建议4：让自己暂停一下

不不不，这不是要你安静地坐在角落里不出声。不过要养成一个好习惯，在决定购买一件金额较大的商品之前，先等一等，尤其是你突然对某件东西有了绝妙的想法，而且又不得不拥有的时候。

假设，你正在和妈妈逛超市。你偏离了奶制品区的路线，拐到了DVD架子前。然后，你就看到了一套最喜欢的电视剧全集，在售货架上闪闪发光，似乎好多小天使在围着你歌唱。这个套装里面不仅有全集的电视剧，还有额外惊喜，比如删减片段和主创采访。在那一刻，你觉得没有这套DVD的生活是黑暗无光的。而且才200元，你正好有这个钱。

通常，你只要等上一两天，这个绝妙的想法就会变得不那么绝妙了，或者那个一定要买的东西就变得不一定非要买了。让你自己和那个冲动购买的瞬间隔一段距离。比如，在这个大超市购物的例子里，要做的事是暂时放下当天必须买这套剧集的想法，帮助妈妈完成生活用品的采购然后回家。

下次再去这个大超市的时候，这套DVD可能还摆在架子上。如果，这时你还想要的话，就可以购买了。不过你可能会发现，这回DVD没有第一次看到那样闪着明显的金光了。或许觉得这一套也不值200元。（毕竟你每一集都看过。）

等过一段时间再去购买还有另外一个原因。很多热门商品，比如音乐、电影或者数码产品在刚上市的时候是最贵的。过一段时间，价格会降下来。有时候，价格会降得特别多。要是等一段时间，你可能只要花一半的价格，就可以买到这些游戏或者DVD了。

建议5：注意你的网购支出

听上去很耳熟是不是？

你和朋友一起出去玩，她给你看了最近一直在玩的一款手机游戏，看上去很有意思。她说如果你也下载了，你们俩就可以一起玩了。于是你立马掏出手机，在应用商店里找到了这款游戏，才16元嘛，你毫不犹豫地选择了购买选项。几秒钟之后，你俩就一起玩这款游戏了。

并不是所有的孩子都会网购。进行网购之前，首先要得到父母的许可，还要输入信用卡或者借记卡的卡号。或许你父母会同意输入他们的银行卡号，或许你自己专门有一张购物用的银行卡。无论怎样，如果你要进行网上购物的话，记得一定要遵守那些理智消费者的建议。网购和去实体店购物一样，都要对自己购买的商品做功课，提前做好消费计划。抵抗来自朋友们的压力，媒体的诱惑。听起来很简单，是不是？

但是，有一些网购和实体店完全不同，对于预算的把控和理智消费更难。经常你会发现，花的钱比你预想的还要多，因为一切发生得太快了或者太容易操作了。比如，你下载的一些APP、游戏和音乐，或者在视频网站上购买或租赁的电影。这些购买往往很简单，只要轻轻点击一下就完成了，然后，你的钱也就随之不见了。

当你在玩已经下载的游戏或者APP时，也会产生消费。可能只需要几块钱就可以购买对抗游戏的新技能，或者多花一两块就可以给你的猫咪后院游戏多买几个玩具。但是这些小的消费会迅速增加。

还有些时候，当你网购一些实体商品时，往往忽略了快递费，或者为了达到包邮的金额，多买了很多用不上的东西。

把所有的钱都放在网络商店里消费，也是很有风险的。比如，你舅舅在你过生日的时候给了你一张礼品卡，或者家长把钱存到你的游戏账户里，等等。毕竟钱就在那里，而且很容易被花掉，感觉不像是真的。有时网购，你甚至都感觉不到自己是在花钱。

虽然感觉不到，但是你真的在花钱！最终，你会把账户里的余额花光，或者当你父母收到一份价值320元在线猫咪玩具的账单，而很显然他们并没有下单购买的时候，你会陷入水深火热的局面。

建议6：小心零食的“偷袭”

我们都需要吃饭。购买食物的地方有很多，比如，街区里的便利店或者自动售卖机，还有影院、商场、公园、泳池……

这么看来的话，可以买零食的地方实在是太多了。

如果你像大部分孩子那样的话，可能会在零食上大笔大笔地花钱。的确零食很好吃，也容易买得到，实在是让人难以抵抗。你要做的，只是往自动售卖机里扔几个硬币就可以。可能你还没意识到，就已经打开了巧克力迷你甜甜圈的包装袋。太好吃啦！不如再花点钱买一瓶运动饮料吧！话说，这个洋葱片看起来好好吃呀！

当你意识到的时候，你已经往那个自动贩卖机里扔了6元了。而得到的呢？是满肚子高热量的零食，并且完全吃不下晚餐了。简直是典型的垃圾食品错误（见表6）。

表6　零食的"偷袭"

发生情景	零食的"偷袭"
从学校走回家	你和一帮朋友每天放学回家的路上都会路过一个小卖店。每到这时候你都饿得不行。通常你只会买一袋薯片（10元）和一瓶苏打水（14元）。也没花多少钱，是不是？只是加起来每个周要花120元，或者说一个月480元
看电影时	电影和爆米花还有糖果最配了。当然还要一杯饮料，这样不至于噎得慌。不过爆米花60元加上糖果32元再来一杯中杯饮料36元，零食的总共花销要比电影票还贵
自动售卖机前	做完体操后，你最爱的环节就是从自动售卖机里买运动饮料和零食。你刚刚可是消耗了大量的能量，你需要这些零食

那么，如何预防零食的“偷袭”呢（见表7）?

表 7 如何预防零食的“偷袭”

情景	你能做什么
从学校走回家	当然啦，放学之后总会饿，不过只要小小计划一下就可以避免了。早晨上学之前，可以在书包里放一个健康一点的零食，这样就可以避免吃垃圾食物以及浪费钱财。你可以选择芝士棒、燕麦棒，或者装一小盒椒盐饼干。 听起来太麻烦了？那么试试不吃零食，或者慢慢减少零食摄入。慢慢来，坚持一周不喝苏打水，下一周不吃薯片。周五的时候再犒劳一下自己。这样你每月可以省 400 元
看电影时	你有几个选择。你可以不吃零食，而是去电影院之前在家里先吃点东西（没用？那就想想你还可以用这些存款做点儿别的什么事。） 通过减少零食，也可以存下来很多钱。比如，只买爆米花或者糖果，要一杯水而不是买一瓶苏打水。最好是和朋友一起分吃一个中份或者大份的爆米花，这样你们两个都能吃到很多，还能一起省钱
运动后	事实上，健康专家建议，运动之后最好喝白水，而且还免费 如果你真的不想放弃运动饮料，可以买一些冲剂回家。一罐冲剂的钱和自动售卖机里一瓶运动饮料的价格是一样的。去运动之前，可以在水瓶里冲一些冲剂，再加些冰块，就可以啦

零食又好吃又好玩，但这是最糟糕的一种花钱方式。值得说的是，你家厨房里的食物更健康，你可以在家吃零食，这样既可以省钱，还对健康有益。

即便，你不得不买零食，也可以通过避免购买方便即食的零食来省钱。阅读上一页的表格，里面讲了三个零食难缠的地点。里面的内容可以帮助你了解，如何让你的钱财免遭零食“偷袭”的建议。

如果你觉得本章内容要传递的信息都是永远都不要花钱的话，那你可就错了。我们想告诉你的是，对于你的花销要深思熟虑，进行购买之前先要想清楚，对你要买什么（以及不买什么）有一个现实的想法，找到最优价格，还要了解购买一件物品是否意味着对自己诚实。

深思熟虑：

细致入微，心思缜密并且有计划。

这些并不意味着你完全不能花钱，甚至买一些蠢萌的小东西，比如给你的宠物游戏买猫咪玩具或者买一双名牌跑鞋。如果你一直理财有道，那么时不时地犒劳一下自己也是可以的。如果买一个猫咪玩具让你的游戏更好玩，并且这也在你的预算之内的话，你完全可以去买。至于一双新鞋，你穿上之后可能觉得很好看也很舒服呢？（当然啦，不要期望你可以像超级英雄那样飞过矮树丛。）

我的钱去哪儿了？
（做一个用心的消费者）

6

巧妙管理钱财是非常重要的。那些花钱精明的人，非常了解如何实现他们的目标，并且还有闲钱可以干点别的事情。他们可以非常轻松地管理自己的钱财。如果你的目标对你来说非常重要，那就是一件大事儿。

但是，说到了花钱，那么还有一件大事儿：要用心。这又是什么意思呢？意思是用你的头脑去思考，花钱后带来的结果是什么？还意味着不要只是思考花钱对自己的影响，还有对别人，对世界的影响。你的选择可能会带来很大的不同。

如果你还没理解用心是什么意思，没关系，你可以阅读下面这个小故事，或许可以给你一些启发。

选择你自己的故事结局

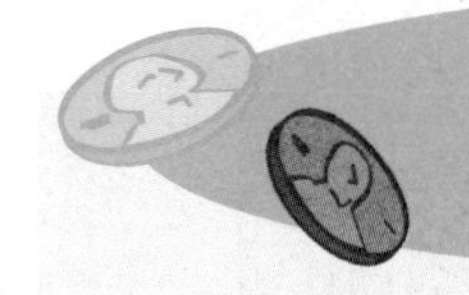

家庭活动的一天

这是一个夏日的星期六，你的家人决定聚在一起做一些有趣的事情。

你妈妈建议去动物园，她特别喜欢大型猫科动物，吼猴经常把人逗得前仰后合。你还可以在小吃部买到冰沙吃，是全家人都喜欢的零食。你也很喜欢动物园，但是，自打看完北极熊展区之后，你就一直觉得很伤心。两只大熊被关在一小块区域里，整天只能在狭小的泳池里游来游去，希望可以游得更远一些。它们看起来很无聊也很不开心。当然了，动物园其他的部分都很有趣。

小妹妹想去游泳池玩。天气很热，能在水里凉快一下也是非常好的。泳池里也有一个不错的小吃部，但是没有动物园里的好，它们没有冰沙。

你妈妈说你可以投决定性的一票。

你要怎么做?

1.今年夏天你已经去过好几次游泳池了，所以，去动物园会是一个更好的选择。而且你很喜欢看到妈妈被吼猴逗得哈哈大笑的样子。只要不去北极熊展区就好，这样你就不会觉得太伤心。“我们去动物园吧！”你说。翻到第99页查看结局1。

2.那些北极熊让你觉得有些不自在，但你也说不上是什么原因，可能它们生活得也很快乐。于是你上网迅速地查了一下，有一篇文章讲到很多人，包括野生动物专家，也和你有同样的感受。很多动物园都非常人性化，也尽其所能地照看这些动物。但是，这些北极熊的确是个问题。把它们关在一个很小的空间是非常不道德的。所以，你决定不会在这种不好好对待动物的地方消费了。于是你说：“带上防晒霜，我们去游泳池玩吧。”翻到第100页查看结局2。

道德：

努力做道德上正确或者好的事情。

你在循环中的位置

无论你何时买东西，你都是这个循环中的一部分。

这个循环是这样的：

1.商品被制造出来。

2.商品被人购买。

3.商品被人使用。

4.商品被丢弃、二次使用、二次销售或者回收利用。

这个循环看起来不错，毕竟人们通过这个循环来赚钱。但是，它也不好，有时生产某些产品，会对地球和环境造成伤害。还有些时候，有些企业不善待工人，或者不善待动物。有时生产某个商品没问题，但是商品本身却会造成伤害。（比如烟草、糖，或者那些无法回收利用的塑料制品。）

阅读以下消费带来的后果：

- 你买了一杯32盎司[①]的汽水，只比16盎司的贵了8角。但是现在你感觉快吐了。为什么呢？因为你的健康正在承担这次消费的后果。

- 你买了一条新的牛仔裤。但是，之后你却发现，制作这些牛仔裤

① 盎司：1盎司约等于30毫升。

的，是来自另一个国家10岁的孩子们。他们生产牛仔裤，每个月只能赚不到8元。虽然，你在购买的时候并不知道，但是你无形中却支持了非法童工。

- 你在一个快餐连锁店里点了一个鸡肉三明治。而给这个连锁店供鸡肉的养鸡场，把鸡养在非常拥挤的笼子里。你的三明治或许味道不错，但是你的钱却支持了那些不顾动物健康，对动物不道德的行为。

- 你买了一副新耳机。你把塑料包装撕开，从硬纸盒里把耳机拿出来，去掉裹着的保护泡沫，你的可回收垃圾桶一下子就满了。如果你买一副二手耳机，可能就不会有这些包装，还可以为保护地球环境出一份力。

后果：

某个行动的结果。

是的，你可以做点什么？

准备好让你的消费有一些积极的影响了吗？你可以做很多事，来减少消费带来的不良后果。主要有三种方法：减少购买，从良心商家购买，购买无害产品。

减少购买

让你的消费变得不同，并不是要做很大的甚至是改变生活的举措。只是减少购买，并不是那么难做到。每次你不去购买某个商品，就是对拯救地球做了小小的贡献。因为，你帮助减少了产品的生产、使用和丢弃。

举个例子，假如你特别喜欢彩色橡胶手环。你已经有20个了，但是现在又新出了一个颜色，这个颜色戴在你手上肯定特别漂亮。

但如果你用心注意自己的消费，就会想到世界上到处都有手环，要是有一天自己戴腻了会怎么样。是把它们扔掉？还是找方法进行回收？或许你可以想办法从现在就开始进行回收利用。

与其买新颜色的手环，你决定把现有的手环缠在一起，变成一个很酷的新风格。更好的是，你拯救了地球，让它不被更多的垃圾所污染。

当然，手环不是世界上最不好的商品，可是你每次的购买都会叠加，哪怕是食品包装也会产生垃圾。当你要购买某一件商品之前，问问你自己：我真的需要吗？没有就真的不行吗？我可以减少购买的次数吗？

如果你稍微减少购买，一切就会变得不同。做得好！

购买二手商品

减少购买的另一种方法是购买二手商品。当你购买那些已经用过的东西时，你就避免了这些商品被丢弃，最后被运到垃圾填埋场的命运。

是不是“二手”这个词听起来不大好？别怕！很多二手商品都和新的一样，比如，二手的游戏、书籍，甚至是衣物，都可以给你一种“全新”的感觉。你可以在车库拍卖、庭院销售，或者二手商店买到这些物品。

垃圾填埋场：将废弃物埋在地下的地方，可能污染土地和水源，或释放影响气候变化的温室气体。

从良心商家购买

什么是良心商家？就是那些努力不伤害人类、动物和地球的商家。他们是有道德的，而且非常在意自己在做的事情。

要想知道哪些商家是有责任心的，你可以在搜索引擎里输入“[商家名称]是有道德的”来进行查询。你也可以通过一些APP、书籍和网站来找到答案。比如，“好导购”[1]网站，你可以在其官网来对比上百家商家在环境保护、动物福利和其他方面的记录。

当你要购买商品的时候，你可以考虑一下你关心的问题和做过调查的商家。这样做可以让你成为一个有见识的消费者，也会帮助保护地球和在上面生存的人类和动物。

在调查商家和决定把钱花在哪里时，你要思考哪些问题呢？下面的内容包含了一些比较重要的问题。（第107~108页有这张表的另一个版本，你可以打印或者复印出来，在对商家调查时使用。）

良心商家，有责任的选择

商家们必须对这些问题做出决策。估计你不想把钱给一家与你意见不同的商家。

人权：这家公司雇用童工吗？员工是否在不健康或者危险的环境下工作？员工的薪水和福利是否公平？

环境：这家公司是否实行可持续发展？是否关心自己产生的污染？是否努力减少对全球气候变化的影响？其养殖方式是否对环境

① 编者注：美国的一家消费者点评类网站，类似于国内的“大众点评”类网站。

可持续发展：

以一种对环境和社会危害尽可能小的方式来生产商品的行为。

有益？是否使用可再生能源？是否排放有毒污水或者破坏森林植被？

动物福利：这家公司是否用人道的方式对待动物（关心动物，不伤害动物）？他们是否用动物实验？公司的运营模式是否伤害动物栖息地？

社区参与：这家公司是否将部分盈利捐给某个组织来帮助其他人或者保护环境？是否鼓励公司员工自愿或者以任何方式回馈社区？

社会公正：公司是否曾经有歧视或者骚扰顾客的记录？是否曾经触犯法律？这些都是一个公司不道德的标志。

在很大程度上，你的消费决定会影响到你和你身边的人。如果，某个商家破坏热带雨林来生产自己的商品，而你不去购买这个商品的话，你会感觉好很多。你也可以通过和朋友、家人以及老师讨论来提高对这个问题的意识。或许你的朋友会和你一起抵制那家公司。

抵制：

用拒绝购买或使用某个物品的形式，来抗议公司的经营方式。

有时，我们的行动叠加起来，影响会超出所在的城镇或者朋友圈。如果有足够多的小朋友一起抵制那家破坏热带雨林的公司，他们就会发现销售出去的商品少了。如果有足够多的人一起在博客或者社交媒体上抵制的话，这家公司最终也会觉察到。

有时候一些名人，比如，明星或者新闻记者也会讨论这个问题，这家公司绝对会知道。如果他们还想继续销售自己的商品，就要做出整改。

还记得之前的那个夏日的故事吗？下面就是故事的结局。

故事的结局

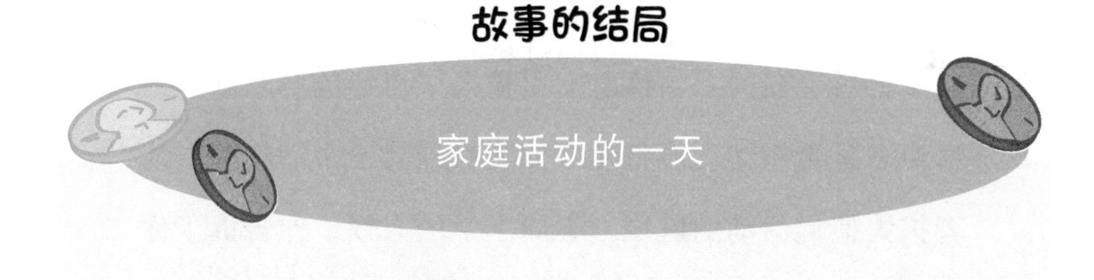

结局1

你在动物园度过了愉快的时光。当你们看到吼猴的时候，你妈妈笑出了眼泪。你还吃了一个红蓝旋涡状的冰沙。

你还是去了北极熊的展区，还是和以前一样伤心。

晚上回家之后，你还是觉得很伤心，虽然这一天过得很开心。你上网查了一些资料，了解到很多人都在抵制这家动物园，直到他们更好地对待动物们，尤其是北极熊。有一个热心网友说：“当你把钱花在动物园时，就是再次肯定了他们的做法。但是，当我们都决定不把这笔钱花在动物园里来娱乐自己，而是花在别的地方时，我们就可以迫使他们改变做法。”你想到了今天全家在动物园花掉的钱，感觉很糟糕。你决定跟妈妈说，以后不去动物园了，甚至还要做些什么来帮助那些北极熊。

（全剧终）

结局2

你在游泳池里玩得很开心，但当你和妹妹在水里游来游去的时候，你不禁又想到了动物园里的北极熊。当你回家之后，在网上的请愿书里输入了自己的名字。这封请愿书是希望动物园将北极熊转移到另一个动物园，或者扩大他们活动的区域。下周上学的时候，你告诉了你的一个朋友，你从这件事当中学到了什么。这个朋友又告诉了另外一个朋友。最后你甚至在语文课上讲了这件事。其他的小朋友也想在请愿书里写上自己的名字。对于自己很用心消费的行为，你觉得非常骄傲。而且你觉得帮助了别人做出积极的改变。

（全剧终）

购买无害产品

当你选择购买那些基本无害的商品时，你的选择并不一定与生产这些商品的公司有关，而是与商品本身有关。比如，那些塑料瓶装的饮料，对地球环境有很大的破坏。尽量买散装的商品，这样可以减少包装物的生成。尽量避免购买独立包装的食品，比如，一人份的布丁或者盒装果汁。这些食品用到的包装物特别多。虽然有些包装是可回收利用的，但大部分还是垃圾，最终的宿命是垃圾场。很多非食用商品，比如玩具或者电子产品，也会产生很多无用的包装。

以下是一些购买无害产品的小建议。请尽可能地遵守这些准则：

- 避免那些使用动物实验的商品。
- 选择那些用有机原料制成的商品（自然的非化学添加，对人体和环境无害的）。

- 选择那些使用可回收利用的纸盒或塑料盛装的商品，以及包装

本身可回收的商品。

购买本地产食品！

成为一个用心的消费者，其中一个办法就是尽量购买本地商品或当地产的食品。这些食品从农场或者工厂到店铺里，不需要经过长途运输，也就是说运输过程中耗油少，对环境更友好。购买本地食品，也可以支持所在社区人们的就业，而且食物本身也会很新鲜。不过，有时本地产的食品反而会更贵。所以，在购买本地商品之前，先要看看你的预算是否支持你的购买行为。

如何变得很用心？

如你所见，在你成为一个用心的购买者的过程中，需要考虑很多细节。但是，不要被它吓到。在很多方面，做一个用心的消费者，可以简单归结为两个准则：

- 正购买。从那些对环境、人权和消费者有利的商家购买商品。
- 负购买。避免从那些与你价值观相悖的商家购买商品。

在用心购物时，不要担心自己做得不完美。你的每一个购买决定都会给你带来改变，而你不能仅凭一己之力就改变世界。在合理的范围内尽可能地用心，你仍然会做出积极的贡献。

用心地去捐款

用心地捐款也很重要，这意味着要仔细选择哪些机构值得你去捐款。

当决定把钱捐给哪里时，可以从下面的类别里选择一个：帮助人、动物或环境的机构。这几个类别哪个对你更重要？

- 人：助人的机构，包括研究治疗或预防类似癌症等疾病的机构，或者为需要食物的人提供食物的组织。还有一些机构为人们提供教育，提供紧急救援，等等。
- 动物：包括帮助宠物寻找新家，或者为动物提供庇护所的机构。有些或许可以为动物提供医疗救治，保护动物免遭虐待和忽视；还有一些反对某些商品在动物身上做残酷的实验。

- 环境：这些机构致力于保护热带雨林，或者寻求立法减少有害的污染。还有些组织专注于植树来减少水源和空气污染，并且支持其他环境事业。

针对以上三个类别，你可以选择向本地、国家级或者国际的相关机构来捐款。例如，本地的慈善机构，可以是你所在地区的衣物捐赠中心，或者水源保护组织。从另一方面来说，很多救灾组织都是国际机构。如果你捐给本地的慈善组织，那么你的钱可能很快就能派上用场。但是有时，你想要捐赠的某些方面，只有大型机构才能做到。

你也可以选择一个有特定目标的机构捐赠，来做出比较直观的改变。换句话说，给大型的环保机构捐款很容易。但是，如果你把钱捐给本地的组织来清理湖泊，你可能会更满意。

一旦你决定要向什么样的机构捐款，你可以做一些关于这类慈善机构的调查研究。比如，你想给环保组织捐款，而且希望这家机构是本地的。你了解本地有空气污染的问题，想帮忙解决。这时你就可以上网查一查，本地哪家机构是专注于这方面工作的。

你可以继续深入研究，直到你完全了解了这些慈善机构。你可以访问一些第三方评估机构的官方网站，上面提供了非常多的建议。网站会评估这些慈善机构的效率和道德，会帮助大家在给慈善机构捐款之前把你的疑问搞清楚。

真实的故事

芙蕾蒂·蔡勒

芙蕾蒂·蔡勒12岁那一年，全家搬到了托潘加峡谷，那是一个位于加利福尼亚州山区中的一个小镇。芙蕾蒂非常喜欢这里的景色，她喜欢在附近的国家公园里徒步。满眼所见，到处都是郁郁葱葱的树木，潺潺的小溪，活泼可爱的野生动物。不过，垃圾也是随处可见的。她决定要对此做出改变，所以每次徒步的时候都会带上垃圾袋，捡沿途的垃圾。

不久之后，芙蕾蒂觉得只是捡垃圾完全不够。她把自己一半的零用钱捐给了环保组织。但是，由于她的零用钱不多，所以，她希望自己的钱能捐给正确的组织。于是她开始在网上研究慈善机构，还要给这些慈善机构打电话询问一些问题。其中有一个问题是："每一笔捐款中，有多少钱用在了慈善事业上？"

完成调查之后，芙蕾蒂对于这些慈善机构有了相当多的了解，都可以出一本书了。而且她真的这么做了！芙蕾蒂写了一本书《儿童捐赠指南》，里面讲到了三个主要问题：为什么要捐，如何选择慈善机构，如何做出贡献。书里列出了一百多个供孩子们考虑的慈善机构。

其中有一个问题，是关于有百分之多少的捐款用于运营费用。有些慈善机构的运营费用很高——他们把钱花在了机构的运作上，而不是慈善事业中。这些运营费用花在了员工工资、慈善机构办公室或者筹款上。

这取决于捐赠者——也就是你——来决定机构花多少的运营费用是合理的。不过最重要的一条规则是，慈善机构的运营费用不应该多于捐款的30%。也就是说，70%的款项应该用于慈善事业。也就是说，如果你给预防癌症的机构捐了80元，那么应该至少有56元用在了癌症研究上，24元用在了慈善机构的运营上。

运营费用：

企业或组织用于维持其运营的费用，如工资或租金。

这是良心商家吗？

这些问题可以帮助你了解一家公司是不是良心商家。在搜索引擎里输入公司的名字和以下的某一个问题，根据你所查到的信息在“是”或者“否”前面打钩。也可以去当地图书馆查询相关资料。有一些问题可能比较难找到答案。如果，你遇到了困难，可以寻求大人的帮助。如果，某一个问题还是找不到值得信赖的答案，在“？”前面打钩。有些问题可能不适用于你正在调查的商家，那么可以直接跳过这些问题。在最后“备注”部分，可以添加对你来说比较重要的商家信息。

公司名字：______________________________

____

人权

公司是否使用非法童工？ □否 □是 □？

员工的工作环境是否健康安全？ □否 □是 □？

员工的薪水和福利是否公平？ □否 □是 □？

环境

公司是否执行可持续发展？ □否 □是 □？

公司是否努力减少自己产生的污染？ □否 □是 □？

公司是否努力减少自己对气候变化的影响？ □否 □是 □？

公司的养殖方式是否对环境有益？ □否 □是 □？

公司是否使用可再生或者可持续性能源？ □否 □是 □？

公司是否排放有毒污水、破坏热带雨林或其他自然资源？

□否 □是 □？

动物福利

公司是否用人道的方式对待动物？（关爱动物，不伤害动物）

□否 □是 □？

公司是否使用动物实验？ □否 □是 □？

公司的运营方式是否破坏动物栖息地？ □否 □是 □？

社区参与

公司是否将部分盈利捐给慈善组织来帮助有困难的人或者保护环境？ □否 □是 □？

公司是否鼓励员工自愿或者以任何方式回馈社区？ □否 □是 □？

社会公正

公司是否曾经有歧视或者骚扰顾客的记录？ □否 □是 □？

公司是否曾经触犯法律？ □否 □是 □？

公司是否影响立法者修改法律？（或者组织法律修改）

□否 □是 □？

备注：____

____

对商家做完调查之后，重新检查一下每个问题的答案，然后再决定你是否要从这家公司购买商品和服务，或者记住以后避免接触这家公司。

此页只可用于个人、课堂或小组作业。

酷酷的理财工具学校

（银行和借贷）

丁零零！

上课铃响了！同学们快进教室坐好。欢迎来到酷酷的理财工具学校。在这里，我们使用的工具不是锯子和锤子，而是银行账户和用于消费的银行卡。你不能用这些工具来建造树屋，但是可以用来建立自己的理财。它们可以帮助你追踪钱财的去向，有效存款，明智消费。

那么现在，把教科书翻到第……呃……就是这页。谁想给大家朗读一下课文？后排的那位同学，对，就是你。请你从第一个酷酷的工具开始朗读。

酷酷的工具：储蓄账户

当你把钱放到储蓄账户里时，就是请银行帮你暂时保管。这样可以帮助你存钱。但是，要了解银行账户是怎么运作的，首先要了解银行是怎样运作的。

银行是什么?

银行帮助人们管理金钱已经有四千多年的历史了。这可是一段非常长的历史！当然啦，那时候，银行是一个“个人”，他把粮食借给农民，直到他们的粮食收获。今天，银行为个人和企业提供了很多不同类型的服务，比如借款、存款、付利息、兑换外币，等等。

银行最大的一个功能，就是借款。当个人或者企业从银行借钱时，他们就要向银行付利息。利息就是你借钱要支付的费用，通常是借钱金额的一个百分比。银行通过获得利息来赚钱。

利息：

借款所产生的费用。

利息还有另外一种存在方式。当人们往银行账户里存钱的时候，相当于你把钱借给了银行，那么银行就会付给你利息。存的钱越多或者时间越长，利息就越多。

帮助你存钱的工具

银行会提供很多种账户。在大部分银行里，儿童可以和家长、监护人或者其他成人一起开联合账户。对于小朋友来讲，最好的账户通常是储蓄账户。通过这个账户，你可以把钱存在银行里来获取利息。为什么储蓄账户是你管理钱财的一个比较好的工具呢？原因有好几个。有了储蓄账户，你通常可以：

- 免费开通及使用
- 用很少的钱就可以开通账户
- 手续费很少或者没有
- 想存多久就存多久
- 获取利息

每个月有几次免手续费取款（从你的账户里把钱取出来）。

＊但是要记得，你要做的是存钱。不要过于频繁地使用这项福利。

当你开户时，你会得到一本叫作“登记存折”或“储蓄存折”的小本子来帮你记录钱的去向。每次存款或者取款，都记得在登记存折上记录下来，这样可以帮助你追踪账户里的余额。如果你经常存钱的话，就可以在登记存折里见到存款的数字飞速增长。如果经常取款的话，这个存折也会提醒你，钱就快被你花光啦！

余额：
账户上的金额。

密码：
保密的一个词、一组数字，或字母与数字的组合，你可以用来访问私人信息，比如银行账户。

你也可以在线跟踪账户的情况。帮你开户的成年人，可以帮助你在银行官网设密码，这样你就可以在任何一个电脑、手机或平板上，在任何时间查看自己的账户。通过对比存折上记录的余额，帮助你判断自己是否及时地跟进了每次存款和取款，也能让你很清楚地看到自己是否实现了预算的目标，或者需要改变自己的理财习惯。

酷酷的工具：支票账户

支票账户是另外一种银行账户。当你使用这类账户去消费你在银行里的存款时，要比储蓄账户容易得多。有了支票账户，你就可以通过开支票或者借记卡来进行消费。当你开支票或刷借记卡消费时，钱会从你的账户中自动扣除。不过你可能需要付一点点费用才能保证顺利地把钱存进支票账户。

或许你更有可能使用借记卡而不是支票。借记卡是一张塑料卡片，背面有磁条，你可以在商店里的刷卡机上刷磁条，你要付款的金额就会自动从账户里扣除掉。也可以用借记卡来进行网购，将卡片正面的账号输入即可。

你可以在几乎所有的商店、餐馆或者其他需要付款的地方使用借记卡。当你使用借记卡时，钱会从你的账户以电子转账的形式直接进入你要付款的商家账户里。

备注：你需要打电话和银行确认，多大年纪才可以开通支票账户或者使用借记卡。有些银行规定必须满14岁才可以。

用钱很容易？

借记卡很方便，你不用怀里揣着现金去购物。不过，这也意味着很危险。怎么个危险法？很高兴你提出了这个问题……

危险：过度消费！

用借记卡消费实在太容易了。比如，你在商店里想买一个燕麦棒。你有买零食的预算，但是，兜里却没那么多现金。这都不是什么问题，你还有借记卡呀。而且，来都来了，要不再买一包酸味糖果吧。反正账户里有钱，为啥不买呢？你去刷卡，然后……虽然比预想的花得多，但是零食是你的啦。

由于你并没有看到任何钱转手，所以，感觉这些零食几乎是免费的。但事实上它们可不是免费的。尽管不那么容易认为这笔钱花出去了，可事实就是花出去了。如果你用现金付款，可能只会买一个燕麦棒，而不是过度消费了。用现金付款，可以帮助大部分的消费者谨慎理智地看待消费，毕竟亲眼看见钞票和钢镚从自己的手里花出去，那种感觉就是……花完了。

危险：费用！

如果你账户里的钱不够支付要买的东西呢？通常情况下，电脑系统会确认你的钱是否可以支付这次购物。如果钱不够的话，转账就会不成功。也就是说你没办法买东西。

可有的时候系统检测不出你的钱够不够，然后你就会遇到麻烦了。你可能还会成功地购买商品，但是银行就会帮你支付额外那部分不够的钱。银行也不是白白替你付钱，它们会对你收取一定的费用。有时候商家也会收取费用。这笔费用在120元到320元不等，而且是每笔消费哦！这样加起来可就是一笔巨款了。

使用ATM（自动取款机）

借记卡也可以在ATM上使用，也就是自动取款机。ATM是一种机器，可以让你不用去银行就可以从账户里取款。把借记卡插入机器，然后，在数字键盘上输入个人识别码（PIN）。你的PIN是你自己设的一个密码。输入PIN之后，你就可以在账户里取钱或存钱了，而且还可以查询余额。

你只能用自己账户所在银行的ATM进行存款，但是通常可以在任何一个ATM（自动取款机）查询余额或者取款。要注意，如果你用的不是账户所在银行的ATM，可能要付一笔费用。这笔费用在2元到10元不等。为了避免产生费用，尽量不要使用其他银行的ATM。大部分ATM都会在机器上贴出要收取的费用，所以你会知道这笔费用是多少。

Fee, Fi, Fo……①

等一下，你刚刚说什么？费用（Fee）？那你可要小心了。

第3章里我们讲到了，费用指的是为某一项服务支付的一笔钱。当你是收取费用的一方时，比如帮邻居修整草坪，那肯定是好事！但是，当你给别人支付费用时，就不怎么样了。银行通常会收取各式各样的费用。以下列出了几个常见费用：

透支费用。如果你用借记卡消费的金额，超出了原本账户里的金额时，银行就会对你收取透支费用。这笔费用可能会达到320元。如果你透支两次，就会被收取两次费用。再次透支，都会被再次收取费用。

ATM费用。如果你用其他银行的ATM在自己的账户里取钱的话，你会被收取2元到10元或者更多的费用。每个ATM收取的费用都不相同。

维护费用。有的银行每个月都会对你的支票账户收取这笔费用，大概96元/月。对于有的银行，如果你账户里的钱足够多的话，或者达到他们要求，是不会收取维护费用的。

卡片丢失费用。如果你不小心丢了借记卡，银行可能会向你收取一定费用来挂失补办。

译者注：①全称为“Fee-fi-fo-fum”，没有什么真正的意思，是语气词，源于英国童话《杰克与魔豆》里一个食人怪的叫声。原文为“Fee-fi-fo-fum, I smell the blood of an Englishman. Be he alive, or be he dead, I'll grind his bones to make my bread.”（Fee-fi-fo-fum，我闻到一个英国人的血。无论他是活的还是死的，我要磨碎他的骨头做面包。）这里的语气词Fee与英文单词“费用”（Fee）同音。

当你使用ATM（自动取款机）时，可以选择打印凭证，凭证上会显示你存钱或者取钱的金额，还有账户余额。保存好凭证，并在你的存折里记录下来。这么做可以帮助你跟踪账户余额，并且确保你没有偏离存钱实现目标的路线。

酷酷的工具：预付卡[①]

即便没有支票账户，你也可以用银行卡来进行购物。预付卡无论是看起来还是感觉上，都和借记卡很像，而且它们的使用方法也相同，都可以在商店里的刷卡机上刷背面的磁条，或者在购物网站上输入卡号。不同的是，你从预付卡里消费的钱，并不是来自你的银行账户，而是你或者别人提前“放进”卡里的钱。

有时候，在你购买预付卡的时候，钱就已经存在里面了。比如，你在药店买了一张120元你最爱的咖啡店的消费卡。当你在药店付款的时候，这120元就已经存在卡里了。当你奶奶给了你一张书店的礼品卡时，在她跟书店购买的时候，钱就已经在卡里了。有些预付卡还可以在商店或者网上充值。

① 编者注：这里的预付卡相当于礼品卡。

如果你没有银行账户，那么预付卡就是一个很方便的选择。这种卡和借记卡一样使用起来很方便，而且没有银行收取的费用。不过你可能需要给销售预付卡的商家付一笔费用。有些预付卡是会过期的，所以使用之前一定要做好调查。

预付卡还有一个好处，那就是不和银行有任何关系。也就是说你不用担心花超了然后被收取透支费用。一旦你将预付卡里的钱花光，就不能再买任何东西了。然而，预付卡也存在一定的危险……

危险：丢失！

如果你弄丢了预付卡，里面的钱也就随着卡丢了。捡到或偷了这张卡的人，不需要出示任何识别信息或者证明自己是这张卡的所有者，就可以随便使用。

酷酷的工具：信用卡

信用卡看上去和借记卡以及预付卡一样，但是消费时，钱不是直接从你的账户上扣除，也不需要你提前往里存钱。你仍然可以用信用卡买东西。因为当你消费时，信用卡公司会提前帮你垫付。

听起来很不错，对吧？不过这个钱可不是白给你的。要想拥有一张信用卡，你需要和信用卡公司或银行签署一份借钱协议，还要同意偿还借走的所有钱。听起来就像是你可以随时从银行贷款一样。但是对于信用卡来说：

保护你的 ID

如果你在网上购物，一定要注意保护自己的个人信息。如果有人得到了你的账户信息，那个人就可以用你的钱来买东西。更糟糕的是，如果有人得到了你的个人信息，比如，你的社会保险号码，那个人就可以用这些信息登录网站，假装是你来开通信用卡、贷款或者购物，等等。也就是用你的信息假装你来做各种事情。

你只可以在https://开头的网站里输入你的卡号，来确保个人信息的安全。这里面的“s”代表的就是安全，也就是说这个网站可以防止那些试图闯入网站盗取信息的人。还要使用强度高的密码，除了自己的父母，不要告诉任何人，哪怕是你的好朋友都不能说。要经常更换密码，如果没有大人在旁边监督确保你的信息安全，不要在网上向任何人透露自己的个人信息，名字都不行。

如果你在一个月内不还清欠款，信用卡公司就会向你收取利息。一般信用卡的利息都很高。

鉴于你还是个孩子，还没到可以拥有自己信用卡的年纪。有些银行卡的年龄限制是18岁，而有的则是21岁。不过如果你父母同意，你可以和他们共享一张信用卡。在这种情况下，你就会拿到一张属于自己的卡，但是这张卡和你父母的账户相关联。你的父母需要对你的消费负责。如果你的家长信任你使用信用卡，这将是体验信用卡的一个好方式。

另一个选择是商家的信用卡。很多商店或者加油站便利店，都会推出自己的信用卡，不过你只能在这些店铺里使用。如果父母联合署名的话，很多商家就会同意给孩子注册一张信用卡。也就意味着你的父母会在你的账户上签字，如果你不按时还钱，他们就得承担责任。

联合署名：

签署一份法律文件，表明你同意在某人不偿还债务的情况下，替他/她偿还债务。

拥有信用卡是建立良好信用记录的一个好方法。良好的信用表明你被信任，可以借钱买大额商品，比如长大后买车或者买房。非常重要的一点是，只消费你能偿还得起的金额，而且最好尽快还清欠款，以避免被收取利息。

危险：最少还款！

信用卡可以设定每月最少还款。这个金额可能非常低，如果你没有足够的钱来还款的话，还是很有利的。而危险在于，如果你每个月都不还清的话，要付的利息就会越来越多。比如你买了一件400元的毛衣，每月最少还款是64元。非常好，这个钱你还是可以还的。但是，到了下个月，你的欠款可就不是336元了（400元-64元），可能会变成356.8元。这是因为信用卡公司对你没有还清的336元收取了利息。如果每个月都是最少还款的话，你要花更长的时间来还清账单。等你最后都还清，可能总共还了560元，而不是最开始买毛衣的400元。

除了利息，可能你还要交信用卡的年费。

如果你觉得，自己准备好担负这个责任，和你的家长谈一谈。对于很多小朋友来说，借记卡或者预付卡是个更好的选择，可以让他们积累理财的经验，同时又不会受到信用卡的诱惑。当你的确准备好申请一张信用卡的时候，一定要对这张卡做好功课，了解这张卡的还款要求以及会收取多高的利息。最好让大人帮忙，选择一张适合你的信用卡。

选择你自己的故事结局

陷入信用卡的困境

在你十三岁生日的时候，你妈妈帮你申请了一张商店的信用卡。她做了联合署名，也就是说如果你不偿还欠款，就会对她的信用造成影响。但是她想让你学会如何管理自己的信用，所以，鼓励你买一些小金额的东西，然后下个月初马上还款。

周末的时候，妈妈带你去商店，要买一双超炫的跑鞋。你正在试鞋子的时候，妈妈去另一家店给你弟弟挑选牛仔裤。店员将这双鞋子的价格输入收款机，可以自己买东西的感觉真好。

当店员把信用卡还给你时，你注意到在收款台旁边，摆了一副漂亮的名牌太阳镜。你不禁想，妈妈戴着一定超级漂亮。

不过妈妈从没给自己买过1 032元这么贵的东西。要是买来当作礼物送给她该有多好。毕竟她为你做了很多伟大的事情，而且下周就是她的生日了。你都能想象到她戴着这副耀眼的墨镜露出灿烂笑容时的样子。每次戴上，都会想起你。在你还没意识到之前，已经一手拿着墨镜，一手拿着信用卡，站在了收款台前。

“有眼光。”收银员说，“也用这张卡结账吗？”

“是的。”你回答。在她把墨镜的价格也录入收款机的时候，你不禁加了一下跑鞋和墨镜的价格，算上税都不止1 760元！你还从没见过这么多钱。

“等一下，”你说。收银员很不耐烦地看了你一眼。

你要怎么做？

想想你妈妈脸上灿烂的笑容，还有感谢你送给她的新墨镜。风吹起她的秀发，她就像一个电影明星一样！送给她喜欢的东西，多有成就感。“没事儿。”你说，“这个我都要了！”翻到第124页查看结局1。

想想你妈妈，还记得去年夏天她对比两种自行车轮胎价格时的样子吗？虽然她特别想要那个好一点的，最后还是选择了最便宜的那个。你不禁想，自己的零用钱要攒多久才能还清这1 760元啊。尤其是每个月还有利息，什么时候才能还完呀。“抱歉。”你对收银员说，“我改主意了。”然后把墨镜留在了收银台上，转身走出了商店。

翻到第125页查看结局2。

我们来总结一下信用卡的利弊。

有利的一面

- 你可以建立起信用记录，给未来的贷款方看到你负责任的样子。
- 即便没有足够的现金，也可以当场支付购买金额较大的商品。

有弊的一面

- 即便没有足够的现金，也可以当场支付购买金额较大的商品。（等一下，这一条既是利也是弊吗？没错，信用卡便于携带，还可以购买担负不起的昂贵商品。当你欠了很多钱，花了很长时间才还清的时候，你可能会背负很多信用卡债务。）
- 如果每个月没有还清余额的话，你就要支付利息，加起来就是很大一笔钱。
- 如果还款还晚了，很多信用卡还会收取你一定的费用。

故事的结局

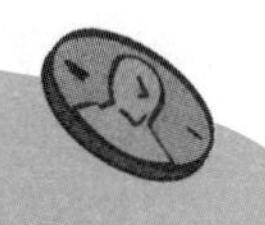

陷入信用卡的困境

结局 1

收银员拿着你的卡在刷卡机上操作，然后面带一个大大的微笑把卡还给了你。“你妈妈一定非常喜欢。”她说。她将墨镜放进一个精致的小袋子里，上面还撒了一些彩纸，看上去真的像是一个不错的礼物。当你在商场里找到妈妈的时候，你骄傲地把袋子递给她。

“哇！”她一边拆着墨镜的包装一边说：“这副墨镜太漂亮了。但是太贵了，你怎么买得起呢？”

“别担心妈妈。”你说。送给她喜欢的东西，果然有成就感。

但是妈妈却很担心。当你承认是用信用卡买的，她让你赶快把墨镜退掉。起初你很失望，但是后来意识到这么做是对的。哪怕你把所有的零用钱都用上，也要两年多才能还清欠款，尤其是每个月的利息加起来，会让还款余额更多。事实上，买跑鞋的钱你还要还一阵子呢！

（全剧终）

结局2

收银员冷笑了一声："哼，无所谓。"

她似乎很生气你改变了主意，这的确很尴尬。但是你意识到，你买不起这副墨镜，要两年多才能还清欠款。

下周你妈妈过生日的时候，你和往常一样，亲手做了贺卡送给她。她非常喜欢，一如既往地喜欢。在你还清跑鞋钱的这段时间里，你不再使用信用卡。同时你帮好几个邻居修剪草坪赚钱，这样可以多还一些。即便是这样，加上利息，本来640元的跑鞋，你最终还了840元才将欠款还完。

（全剧终）

如果你选择了结局2，说明你很明智。当然啦，如果等你能用现金付得起钱的话，会更明智。通过限制使用信用卡消费，你可以避免陷入信用卡债务，少付利息，还可以存下来更多的钱。下一章，我们会讲到更多关于存钱的知识。

8 看看你的水晶球

（储蓄和投资）

是时候展望未来了。拿起你的水晶球，把灯光调暗。集中注意力，盯着发光的水晶球。你看到了什么？你快乐吗？你的理财方式是否让自己觉得安全满意呢？你……

什么？你没有水晶球？哎呀，那你就看不到未来啦。

其实吧，谁也不知道未来是什么样。既然你无法预测未来，那么就和别的会理财的小朋友一样，做好准备，也就是说制订目标，并努力实现它们。最重要的，是会存钱。把钱存起来，看着金额一点点变大。这可不是魔法，而是数学。

还记得第2章里你设定的那些目标吗？尤其是那些长期目标。可能你说了，想要一个飞行背包和全息播放器，这样你就可以一边飞越大海一边看视频啦！好啦，或许你没说过这话。但是你肯定说过，以后要上大学，要买车这种话。或许你还有更长远的大目标，比如在夏威夷买栋房子。要想实现这样的目标，存款就变得尤为重要。哪怕你现在没有什么长期目标，总有一天会有的。所以存钱，是一个明智的选择。

你也要为可能发生的紧急的突发事件存钱。当你还是个孩子的时候，家里的大人会替你处理。但是等你长大之后，为可能发生的巨大的，或者需要花很多钱的突发事件预先存钱，这是一个很明智的举动。比如你的车坏在半路需要修好，或者失业了没有进账，但还是要支付一些账单的时候。如果你有足够的存款，就不会让自己陷入困境。

尽早开始

开始为未来做打算，把钱存进储蓄账户是一个很好的办法，而且你现在就可以开始做了。复习一下第110~112页关于储蓄账户的相关知识，询问不同的银行，尽可能找一家利息最高的来办理你自己的账户。

越早开始存钱，以后你的存款就会越多。这是因为利息是长期累计的。利息一般有两种形式：单利和复利。

单利

单利是根据你最初存入的金额来计算的，每年计算一次。比如你在储蓄账户里存了1 600元，利率是1%，这样你每年得到的利息就是16元（1 600元 ×0.01=16元），账户里的余额为1 616元。如果你的钱在账户里存了两年，那么利息就是32元，你的账户余额则是1 632元。

很简单是吧？这种利息叫单利。而银行则更多地使用复利，这种利息会稍微复杂一些。

复利

复利对你来说，比单利要好，这也是为将来存钱的关键。复利不仅仅根据你最初存入的金额来计算，也会将利息计算进来。大部分的储蓄账户都是复利，这种利息大部分也是按年结算的。也就是说，每一年，银行会将你获得的利息计入总的存款金额，下一年的利息，是基于这个新的存款金额来计算的，而不是你最初存入的金额。

还是用上面的那个例子来举例。假如你在账户里存了1 600元，复利的利率为1%，那么第一年你账户的余额，和使用单利计算是一样的。年末你将得到16元利息，存款总额为1 616元。但是第二年，你的利息是按照1616元来计算而不是1 600元，也就是1 616元×0.01=16.16元。第二年你就多得了1角6分，你的存款金额变成了1 632.16元。

1 600.00	最初存款金额
16.00	第一年利息
16.16	第二年利息
1 632.16	两年后的存款金额

两年后的存款似乎看上去并没什么太大的区别。但如果你继续增加本金，余额会变得更高。你会得到更多的利息。账户里的钱越多，得到的利息也就越多。一直存钱，一直获利。时不时地存一些，不停地存，时间长了，你就会看到巨大的变化。

本金：

在一个账户上投资的金额，与你赚取的利息是分开的。

存钱获利的另一个方法，是投资。你可以阅读第132~142页的内容了解更多的相关知识。不过，我们先看看下面这个小故事。想象你是这个故事的主角，选择自己的故事结局。

选择你自己的故事结局

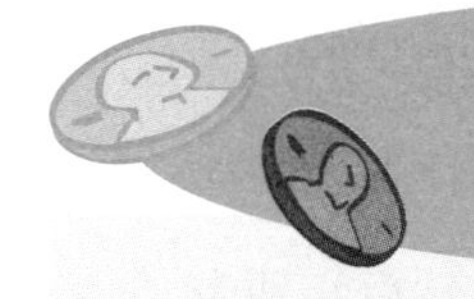
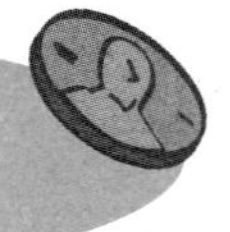

最好的投资

过生日时，奶奶给了你400元，让你的存款一下子翻了一倍。除了想有一天自己变得很有钱之外，你没什么确切的长期目标。本来还觉得复利这种利息挺好的，可是利率才1%，也不知道啥时候才能变有钱。

你想放弃存钱了。“奶奶，谢谢您给我的钱。我准备买很多很多的口香糖球把儿童泳池装满，开个生日聚会。”

“我还以为你会存起来呢。”奶奶说。

“本来想存的。”你回答，然后解释了一下，要想真正赚到钱还要好长时间：“所以我还不如拿这笔钱好好享受呢。”

“等一下。”奶奶说，“你可不是存了800元然后就把它遗忘在那儿了。你要不停地继续存钱，这样金额才会变多。而且如果你感兴趣的话，我可以帮你拿一部分钱出来投资，这样金额增长会更快。”

“投资？那是什么？”

“除了普通的储蓄账户之外，你还可以把钱放进其他不同的账户里。那些账户可能会帮你赚更多的钱。”

你要怎么做？

你还是更愿意花钱买口香糖球装满泳池，然后和朋友们开个生日聚会。奶奶说，投资可能会帮你存钱，但是听起来还是不靠谱。存钱就是骗小孩的！翻到第138页查看结局1。

你听奶奶讲了几种投资的选择，然后决定试试她说的办法。翻到第139页查看结局2。

把你的钱投资

比起普通的储蓄账户，投资可以让你赚更多的钱。当你把钱拿去进行某项投资，通常几年后才能看见收益。有一些投资可能还会让你赔一部分钱，甚至一分不剩。

当你考虑要进行某一项投资的时候，要注意以下几点：

- 安全性：你赔钱而不是赚钱的概率有多大？
- 可操作性：是否容易将你的钱从投资中撤回来？换一句话讲，金钱的流动性如何？

- 投资回报（ROI）：这项投资可以让你赚多少钱？

流动性：

容易操作，或者容易转换成现金。

大部分时候，投资风险越大，赚到的钱可能越多。风险小的投资不会让你有太多的回报，不过，毕竟安全呀。

以下是几种不同的投资方式。

定期存款

也可以叫作CDS。从某种程度上讲，定期存款和储蓄账户相似，都是把钱存在银行里然后赚利息。对于定期存款，通常是把钱存一段固定的时间，这期间不会发生任何取款的行为。这样的话，银行给的利率通常会比储蓄账户高一点。当你购买定期存款的时候，银行会给你一个存单，上面显示你投资的金额。

让我们来看一下，从安全性、操作性和投资回报（ROI）方面，给定期存款评星（1星到5星）。5星是最好的。

- 安全性：★★★★★银行会担保你定期存款的安全。
- 操作性：★你不可以随时随地取钱，金钱几乎没有流动性。
- ROI：★★投资回报肯定比储蓄账户好，因为利率相对比较高。

货币市场账户

也可以叫作MMAS。这个账户和储蓄账户比较相似，但是通常利率更高，而且要求账户里有比较高的最低余额。

- 安全性：★★★★★和定期存款一样，银行会进行担保。

● 操作性：★★★★ MMAS的资金流动性比CDS好一些，你可以随时随地从这个账户取钱。但是要确保账户里的最低余额达到银行的要求。

● ROI：★★★ MMAS里的钱越多，你获得的利息也就越多。

债券

当你购买美国债券时，相当于把钱借给了国家政府。当你兑现的时候，政府会带着利息把钱还给你。美国在“一战”和“二战”期间首次发行债券，用来支付战争费用。现在仍在使用。

● 安全性：★★★★★ 债券由美国政府担保，是非常安全的投资选择。

● 操作性：★★★★★ 债券的流动性非常好，但是要持有多年才能获得利息。

● ROI：★★ 由于债权过于安全，所以利率不是很高。

股票

股票就是公司的股份。当你买了股票，你就享有这个公司的一部分——非常小的一部分。你并没有权利干涉公司的经营（除非你买了非常多的股票），但是你可以享受公司盈利的一部分。如果公司经营得好，股票的价值就会上涨；反之如果不好，那么股票价值就会下降。

举个例子，假如你购买了超炫跑鞋公司的10只股票，每只80元，那么你买的10只股一共是800元（80元×10只股=800元）。

很多人都购买了超炫跑鞋的股票，而公司经营得很好，所以股票价值有上涨的可能性。六个月后，每只股可能涨到了96元。那么你之前花800元买的10只股，现在值960元了。

- 安全性：★★股票比CDS、MMAS和债券的风险都大，因为没有担保。你基本上是在赌公司的股票价值会随着时间的推移而提高。
- 操作性：★★★★你可以随时把股票卖掉，所以流动性很好。不过当你卖掉的时候，是以当时的股票价值为准的。如果价值增加了，你就会赚钱；反之，你就会赔钱。
- ROI：★★★★★股票可以迅速上涨或者下跌，所以投资回报并不可预测。大多数情况下，公司的经营都会比较稳定，股票价值会缓慢稳定地增长。但是没人可以保证永远这样。

理财的故事

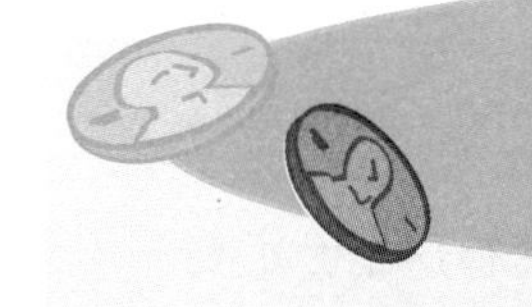

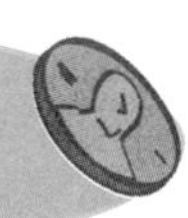

格蕾丝的压力

我叫格蕾丝。当我14岁的时候，我在一家冰激凌店找到了一份工作。可是当我第一次拿到工资的时候，却有些失望。我的工资是700元，除去捐给帮助无家可归儿童的慈善机构160元，我只剩下540元。

我意识到，要好久才能存出来一笔钱。哥哥见我嘀嘀咕咕，就给我看了一个关于投资的视频。他正在学习如何通过投资来存钱。看了视频之后，我也特别兴奋。

视频里讲了如何在网上调研股票。首先要看看这家公司的管理是不是很好，还有股票是否一直在增值。我买的第一只股票（在父母的帮助下）就是我工作的这个冰激凌店。刚买完，股票的价值就开始下跌了！跌了能有一个星期，但是我告诉自己不要惊慌。这也是我从视频里学到的，股票是一种长期投资，哪怕看见我的投资缩水而担惊受怕，也一定要有耐心。所以我一直耐心地等。你猜怎么着？不久之后股票开始上涨，而且价值恢复到和我购买的时候一样。我希望股票可以继续涨。

从这以后，我又投资了几个股票。当然每次投资之前，我都会上网查资料调研。我希望通过自己的耐心和调研，就可以稳步地赚钱。我的股票投资也可以帮我支付大学的费用。

共同基金

有些投资者会将自己的钱和其他投资者的钱捆绑在一起，形成共同基金，用以购买不同类型的投资资产，比如股票、债券和MMAS等。有人会专门管理这个基金。基金经理通过交易基金的不同投资，来获得利润和利息。

- 安全性：★★★共同基金没有谁来担保，所以和债券、MMAS和CDS相比，风险要高一些。但是基金由专人管理，基金经理通常经验丰富，可以做出明智的决定来帮助投资共同基金的人赚钱。共同基金也很多样化，这样也会安全一些。

- 操作性：★★★★你可以随时从共同基金里取钱。当你取钱时，你投资的那部分钱，是按照当时的价值计算，而不是你最初买进的价值。也就是说可能比买进的价值高，也可能比买进的价值低。

多样化：

把你的资金投入到几种不同类型的投资中。当投资变得多样化时，整体风险就会较低。

- ROI：★★★和股票一样，共同基金的价值可高可低，所以投资回报也不可预测。但是和股票不同，共同基金有专门的基金经理，可以帮助你获得最好的投资回报。

收藏品

所谓收藏品，就是字面上的意思——你收藏的东西。你把这些东西买回来，保存很长一段时间，希望这些东西可以升值，然后再把它们卖掉。可以收集的东西有很多，比如，邮票、钱币、漫画书、玩具人偶、艺术品，等等。

安全性：★★没有任何人能保证，收藏品一定会升值。而且也没有人可以保证，你一定能找到买家。所以，收藏品是高风险的投资。

操作性：★收藏品并没有什么流动性。只有找到买家，你才能拿回自己的钱。如果不能，就只能砸自己手里了。

ROI：★★收藏品往往增值很慢。可能在卖掉赚钱之前，你要自己保存很多年。

故事的结局

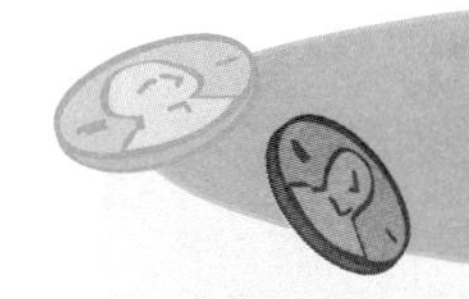

最好的投资

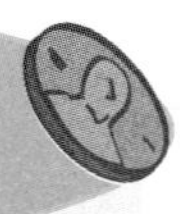

结局1

“奶奶，抱歉。”你说，“我还是个孩子，我不想把所有的钱都存起来，还要存几百万年。我只想让自己开心！”

于是你买了60个口香糖球，把小泳池装满。你叫来了两个最好的朋友，有了一个非常棒的生日聚会！当你跳入泳池，嘴里大口地嚼着口香糖时，不禁兴奋得大喊大叫！当天晚上，你的朋友们在你家过夜。你们坐在装满口香糖球的泳池里，一边打游戏，一边看租来的电影。最后大家吃口香糖都快吃吐了，于是决定上床睡觉。第二天早上起来才发现，头发里都是口香糖。不过你认为值了，恨不得马上再来一轮。

当你正在洗粘满口香糖的床单时，奶奶过来看你了。她问：“你还剩多少钱？”

你也不是很清楚，于是掏出钱包数了数：76元。

“我很高兴你过了一个快乐的生日。”奶奶说。

你也很高兴。可是看着几乎空空如也的钱包，再想想昨天钱包鼓鼓的样子，你就像吃多了口香糖一样，觉得有些恶心。

（全剧终）

结局2

“咱们试试吧。”你说。

“没问题。”奶奶说。她打开了笔记本电脑，给你看了她自己的定期存款、债券和共同基金。

你可以购买任何一个，也可以都买下来。奶奶建议你把一半的钱用来做定期存款。她自己的一份定期存款期限是五年，利率2.25%。于是你决定用400元作为定期存款。五年之后，你可以取出445元。

你花了200元买了奶奶的股票。在接下来的几个月内，你们俩总是聚在一起看股票的走势。这种共度时光的方法非常有意思。更好的是，股票涨势很好！之后每年你都把生日收到的钱买了股票。在五年里，你的股票价值达到了2 000元。你决定卖掉一部分，然后用卖股票得来的利润和定期存款得到的440元，买了一笔更大的定期存款。

生日那天，你并没有堆满口香糖球的小泳池，不过你还是邀请朋友晚上来家里玩。奶奶做了甜点漂浮沙士，你们一起看电影看到很晚。虽然没有口香糖球小泳池那样乐翻天，不过你还是度过了一段快乐的时光，尤其是对自己的未来做了投资，你感觉特别开心。

（全剧终）

选择正确的投资方式

投资有风险，你可能会赔一部分钱，也可能赔得精光。为了防止这样的事情发生，人们通常会将自己的投资多样化。也就是把钱投在不同的资产上，就像共同基金那样（见第137页）。你可以将所有的投资全部多样化。明智的投资者会把钱分别放在储蓄账户、定期存款、债券、股票和共同基金里。这样你就可以承担一部分风险，并且希望投资回报高的那个投资方式，可以抵消掉这些风险。同时，比较安全的投资项目可以确保你损失的不会太多。

下面这个山形（图1），显示了不同投资方式的风险和回报。山的最底下，是低风险低回报的投资。这是个又大又稳定的“底座”。越往山上爬，投资回报越多，但是风险也越大。只有在打下坚实基础之后，才能把钱投在山上的投资里。

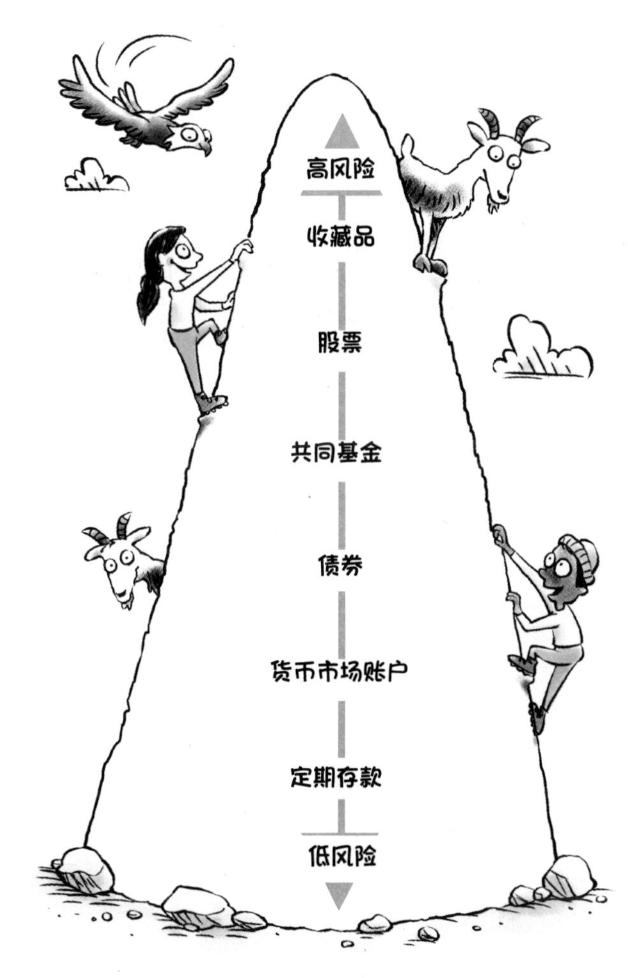

图1　不同投资方式的风险和回报

而且，只有当你愿意承担风险之后，才能把钱放在山上的那些投资里。要记住，没人能够确保你肯定能赚到钱。山顶的高投资回报率的确很吸引人，但是这些投资也会让你倾家荡产。

学习投资的一个好方法，是创建一个80 000元的虚拟账户，然后假设你把钱投入了不同的资产里。然后，跟踪这些投资，看看未来一年里会发生什么样的变化。你可以在网站找到绝大多数类型投资的价值。如果找不到某些信息，可以让家里的大人帮助你。

表8举例说明了虚拟账户是什么样子。（见第145页空白的虚拟账户表格，你可以用来跟踪自己虚拟账户的投资。）

表8 我的虚拟投资

单位：元

投资类型	投资金额	3个月后	6个月后	9个月后	12个月后	赚得或损失的金额
银行A的CD	16 000	16 040	16 088	16 128	16 176	+176
股票B	32 000	33 280	32 896	33 512	31 384	−616
股票C	32 000	34 960	34 560	35 040	35 216	+3 216
赚得或损失的总金额						+2 776

理财的未来

通过阅读这本书，你学到了很多技能、建议以及获取了很多信息。从建立预算到开通信用卡，你学到了很多理财方面的知识。你还学到了如何深思熟虑并且用心地消费，以及如何明智地投资。

正如你所见，要想做好理财，还有很多事情要做。现在你还是个孩子，还不会拥有信用卡和工资条。很可能你也还没有投资股票或者定期存款。

为上大学存钱

每个人都知道，大学的学费特别贵。有些学校每年要收480 000多元的费用！不过你知道针对上大学有特殊的存钱计划吗？这个计划叫作529计划，但很多人习惯叫它“大学存钱计划”。这个计划可以让你父母或者监护人，或者其他家属（比如爷爷奶奶）为你将来上大学而存钱。529计划的最大好处是，如果用这笔钱读大学的话，是不用交税的。不过缺点是费用很高，可能和你免去的税费一样多。如果你父母或者监护人正在考虑这个529计划，最好先向理财专家咨询一下。

要想了解更多关于529计划，可以在搜索引擎里输入你所在的州和“529计划”，查询更多信息。

当你学会理财，可以自己做出金钱上的决定时，会觉得高兴、骄傲，而且非常有安全感。禁不住诱惑而花钱（或者浪费钱），是我们所有人都会面临的挑战。所以你需要细心，消费之前考虑周全。不过记住，时不时地花钱犒赏一下自己还是可以的。如果买到一本新书、游戏或者T恤可以让你很开心的话，为什么不买呢？毕竟开心才是最重要的事情！只要你不是一直花钱犒赏自己的话，是没问题的。从长远来看，你会更快乐。

理财也是为了将来做打算。你可以同时拥有快乐和理智。谁不想既快乐又理智呢？

理智用钱，做“小小大富翁”

跟踪你的虚拟账户

为了更好地练习如何投资，可以试试使用“虚拟账户”。选择几种投资方式：定期存款、货币市场账户、债券、共同基金、股票，甚至是收藏品。在第一栏写下你选择的投资类型，第二栏写上你预想的投资金额。把今天的日期当作起始日期。

然后每三个月，记录一下虚拟投资的价值。理想情况下，你应该做一年的跟踪记录。因为和真实的投资一样，你的虚拟投资也是一个长期的项目。你可以在网上查询投资的价值。如果找不到正确的信息，可以请家里的大人帮助你。

在年末，计算一下你的虚拟投资价值是否增加，你是赚到了钱，还是赔了钱。（详见第142页完整的表8示例。你也可以用这张表格跟踪真实的投资。）

起始日期：____________________

投资类型	投资金额	3个月后	6个月后	9个月后	12个月后	赚得或损失的金额
赚得或损失的总金额						

词汇表

货币：特定国家使用的一种钱币。

金融：与钱相关的事情。

交换：用一个事物去换另一个事物（比如用钱换商品）。

劳动：为了钱而进行的工作。

捐款：把钱捐给慈善机构。

安全感：感到安全，对自己有信心，对未来有信心。

优先排序：按照事情的重要性排序。

价值观：对你很重要的想法和原则。

债务：欠某人或者某个机构（比如银行）的钱。

零用钱：定期给某人的一笔钱。

费用：某一项服务收取的报酬。

打广告：让人们了解某种产品或者业务。

所得税：必须支付给政府的收入百分比。

销售税：支付给政府的购买物品价格的百分比。

支出：用来经营业务的钱。

利润：扣除支出费用之后的收入。

慈善机构：筹集资金来帮助

人类、动物、环境或解决其他需求的组织。

始终如一：不改变，每次的做法都相同。

消费者：购买商品和服务的人。

冲动：突然而且不假思索地做某件事。

同伴的压力：来自朋友的影响，促使你以某种方式思考或行动。

没有偏见的：对某件事有公正的看法，而不偏袒某一观点。

深思熟虑：细致入微，心思缜密并且有计划。

道德：努力做道德上正确或者好的事情。

后果：某个行动的结果。

垃圾填埋场：将废弃物埋在地下的地方，可能污染土地和水源，或释放影响气候变化的温室气体。

可持续发展：以一种对环境和社会危害尽可能小的方式来生产商品的行为。

抵制：用拒绝购买或使用某个物品的形式，来抗议公司的经营方式。

运营费用：企业或组织用于维持其运营的费用，如工资或租金。

利息：借款所产生的费用。

余额：账户上的金额。

密码：保密的一个词、一组数字，或字母与数字的组合，你可以用来访问私人信息，比如银行账户。

支票：一种书面通知，用于告知银行从你的账户里付款。当你开通了支票账户后，银行会给你支票，上面有你的账号信息。你需要在支票上填写相关的具体付款信息。

借记卡：银行发给你的一张塑料卡片，可以用来购物。当你使用借记卡付款时，钱会直接从你的账户里扣除。

联合署名：签署一份法律文件，表明你同意在某人不偿还债务的情况下，替他/她偿还债务。

本金：在一个账户上投资的金额，与你赚取的利息是分开的。

流动性：容易操作，或者容易转换成现金。

多样化：把你的资金投入到几种不同类型的投资中。当投资变得多样化时，整体风险就会较低。